好吃的西點蛋糕秘訣

THE SWEET
TRICK

"THE SWEET TRICK",
FOR THE SWEETEST JOY
OF THE WORLD.

MESSAGE
FROM ES KOYAMA

「你還早得很呢？還須等上10年呢？」
我把我曾經被如此說過要等上10年的Trick（秘訣），現在要通通傳授給各位讀者。

我從19歲開始踏入糕點世界，那時經常向前輩師傅們提出質問：「為什麼這種麵糰要先加砂糖？為什麼…？」，可是他們的回答千偏一律都是「你還早呢？再等10年吧！」，當然在此話當中蘊含著「靠你自己的經驗去學習吧」，在嚴格當中透露著很深之義理。可是現在我本身擔任糕點師傅20年之久，所得到之心得就是「其道理愈早了解，愈早能製作出各式各樣美味之糕點出來…」，因為糕點的製作是非常富有理論性且具有化學變化之作業，如果能獲得明確之說明，就連初學者也能製作出美味好吃之糕點。

我認為製作糕點要具備2個要素，第一是「長嶋的要素」也就是所謂的感性和直覺等的要素。例如這種雞蛋為受精蛋味道非常濃厚香純，適合製作某種糕點…，如此這般能在製作糕點上展現出豐富的想像力，以及附有創意之感性。

另一要素為「野村的要素」也就是徹底依靠理論來解析糕點之製作方法和態度。現今有關製作糕點之理論日新月異，且無論是專業人員或初學者都能獲得理解之共同語言，以及可積極加以利用之糕點教室也有日漸增加之傾向。因此若先學會基本理論，如此才能將「長嶋的要素」盡情發揮出來，所以我認為「在學會10種做法之前要先學會10種基本理論」這是非常重要的。

基於此種想法，這次我才下定決心把在Patissier es-Koyama（小山西洋糕點店）店內實際上所販售之糕點的做法全部公開出來，連隱藏在背後之理論性的Trick（秘訣）也一併公開。至於公開店內販售之糕點的做法，贊成與否意見分歧，可是我卻認為公開出來，有助於文化之傳承，也才能使糕點之製作法更加普及。

相信本書豐富之內容以及領域之廣泛足以讓第一次向糕點挑戰之人或不輸給專業人員之糕點製作高手，以及想從事於糕點師傅之人等均獲得滿足。希望閱讀糕點做法之同時也學會理論性之Trick（秘訣），並從中體會製作糕點之樂趣和奧妙。此外，還希望各位讀者能從非常富有美感之照片中，展開充滿感性以及想像力之旅。

Susumu Koyama

INDEX 目錄

FUWAFUEA
KONMORI
TRICK

第一章 細嫩・膨鬆之秘訣

1

Very Berry Shortcake

VERY BERRY
蛋糕

測量麵糰之比重。

乍看之下好像很難，但其實以非常簡單之Trick（秘訣）就可揭開其謎底。不多不少只須使麵糰中含入適量之空氣的比重，膨鬆柔軟之海綿蛋糕就完成了。

■材料（15cm直徑的圓形模型2個份）

海綿蛋糕		完成裝飾			
全蛋	260g（約4又1/2個）	草莓（夾心用）	140g	(b)醋栗醬	
白砂糖	150g	糖粉	28g	醋栗泥	25g
蜂蜜	14g	君度橙皮酒	4g	榛果亮光膠	100g
糖稀	14g			糖稀	13g
低筋麵粉	150g	(a)香堤奶油凍			
無鹽奶油	20g	鮮奶油42%	320g	綠薄荷	適量
牛奶	35g	鮮奶油35%	110g	藍莓	10個
		白砂糖	26g	覆盆子	10個
				糖煮覆盆子（參照P80）	適量
				頂飾用草莓	適量

01 製作海綿蛋糕體

1.鍋內放奶油和牛奶，以火力【中】煮溶，加熱到快煮沸前。（參照P86 Trick-01 使水份和油份乳化）

2.用打蛋器混合蛋和白砂糖，加入以火力【弱】加熱到40度之蜂蜜和糖稀繼續混合，混合到含入更多空氣。【比重】22～26g（參照P86 Trick-02 測量麵糰之比重）

3.將過篩過之低筋麵粉（參照P86 Trick-03 粉類的過篩法）慢慢加入用木刮刀混合，接著再加入1混合。【比重】40〜45g（參照P89 Trick-21 混合粉類之要訣）

4.倒入鋪有烤紙的圓形模型中（參照P86 Trick-04 把麵糰倒入模型），放入170度之烤箱中烘烤30分鐘。

5.烘烤後連同模型一起在作業台上敲敲，給予撞擊使內部之熱氣散出（參照P86 Trick-05 給烘烤好之蛋糕撞擊）。把蛋糕體從模型中取出放在網架（烤網）上去除高熱。（參照P86 Trick-06 去除高熱之方法）

02 完成裝飾

1.製作糖漬草莓。把草莓去蒂切片，和糖粉、君度橙皮酒一起攪拌均勻。（參照P86 Trick-07 提高水果的風味）

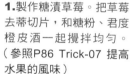

2.將海綿蛋糕體的表面和底的部分切成3薄片。（參照P86 Trick-08 蛋糕體要切片時）

3.把（a）的材料倒入缽中，打發5分起泡。（參照P86 Trick-09 鮮奶油之高明打發起泡法）

4.把2的底部朝上，將3用抹刀薄薄塗抹一層（參照P86 Trick-10 塗抹克林姆時更加美觀），將1鋪上。為了使切開後之剖面更加美觀，中央部份空著其餘部分鋪滿為要訣。

5.接著以打蛋器把（a）滴落在中央，然後迅速用抹刀刮平。

6.擺上第二層海綿蛋糕體反覆作4〜5之作業，再放上第三層海綿蛋糕體輕輕壓住。

7.把6放在迴轉台的中央，依序在上面、側面塗抹（a），最後將邊緣隆高之克林姆刮平修飾好上面。

8.將（b）的材料倒入容器中以微波爐加熱約40秒，充分攪拌均勻後放涼。

9.在7的上面裝飾草莓，在其上面擺放少量的8作成頂飾，接著在覆盆子凹陷處塞入少量糖煮覆盆子裝飾，最後均勻地撒上藍莓、綠薄荷即完成。

Koyama Roll

小山蛋糕捲

烘烤後的顏色如優質的鞣皮般，
又鬆軟又有彈性的舒服利（Souffle）蛋奶酥之口感。
此種獨特蛋糕的關鍵在於如何
打發起泡成為具有韌性之蛋白糖霜。
微微的蜂蜜香味和巴迪西克林姆所醞釀出
令人懷念的乳香風味，只要咬一口就會難以忘懷。

■材料【30cm×30cm的方形模型1個份】

蛋糕捲用的蛋糕體

蛋黃..............120g（約6個份）
白砂糖.....................15g
蜂蜜.........................30g
低筋麵粉.................70g

蛋白...............160g（約4個份）
白砂糖.....................65g

無鹽奶油.................15g
牛奶.........................35g

完成裝飾

(a)塗層用克林姆
　巴迪西克林姆.................40g
　鮮奶油.........................120g
　糖粉.................................9g

(b)克林姆慕斯
　巴迪西克林姆.................30g
　鮮奶油47%打發8分起泡...10g

鮮栗甘露煮.........................80g

巴迪西克林姆（使用30g）

牛奶..500g
（冰上牛奶300g、蒜山喬治牛奶200g）
蛋黃.....................90g（約4又1/2個）
白砂糖...................................105g
低筋麵粉...............................20g
玉米粉...................................20g
香草豆莢...................................1支
無鹽奶油.................................25g
有鹽奶油.................................15g

鮮栗甘露煮

鮮栗.........................500g
白砂糖.....................480g
水.............................600g

1.鮮栗連薄膜都去除乾淨。

2.在壓力鍋內放入1和白砂糖、水，以火力【強】煮沸並去除浮沫。繼續加熱到強壓力時，轉到火力【弱】約煮6分鐘。

01 製作蛋糕捲用的蛋糕體

1.把蛋黃和白砂糖一起混合，慢慢加入以火力【弱】加熱到40度的蜂蜜，攪拌到變白。

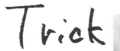

2.在另一缽中把蛋白打發起泡。開始打發時將白砂糖分3次加入。（參照P86Trick-12 蛋白糖霜之打發法）

3.在1中加入2的半量，用木刮刀輕輕混合，再加入過篩的低筋麵粉（參照P86 Trick-03 粉類的過篩法），再把2的剩下半量加入混合。（參照P89 Trick-21 混合粉類之要訣）

4. 在3中加入以火力【中】快煮沸之奶油和牛奶。（參照P86 Trick-01 使水份和油份乳化）

5. 把4倒入鋪有捲紙的烤板上（參照P86 Trick-04 把麵糊倒入模型），放入180度的烤箱中烘烤13分鐘。烘烤後連同模型一起在作業台上敲一敲，給予撞擊，使內部之熱氣散出。（參照P86 Trick-05 給烘烤好之蛋糕撞擊）之後從模型中取出蛋糕體放置在烤架（烤網）上去除高熱，拿開捲紙。（參照P87 Trick-06 去除高熱之方法）

Trick

02 製作巴迪西克林姆

1. 在鍋內放入牛奶、香草豆莢（連莢、種籽）、少量的砂糖（全體砂糖量的10%程度），以火力【強】煮沸後離火。（參照P88 Trick-13 砂糖和蛋和牛奶的加熱之要訣）

2. 在缽中把蛋黃打散，然後以擦底混合白砂糖。

3. 在2中放入過篩的玉米粉和低筋麵粉，一直混合到看不見乾粉為止。

4. 在3中慢慢倒入煮沸的1的1/2量一起混合。

5. 把4用擠壓過濾器過濾成滑潤。香草豆莢的皮去除掉。

6. 把裝剩下之牛奶的鍋以火力【強】加熱，再加入5用打蛋器混合。

7. 直到感覺濃稠又具有重量感時，降為火力【中】，為避免鍋底燒焦以耐熱橡皮刮刀擦底混合。

8. 從中央冒出大粒泡沫即熄火，加入奶油混合。再移到缽中隔冰水迅速冷卻，蓋上保鮮膜放入冰箱。

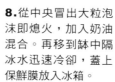

⓪③ 完成裝飾

1.將（a）（b）之材料分別在缽中輕輕打發起泡後各自混合。

2.將蛋糕捲用的蛋糕體放在新的捲紙上，把打發8分起泡的（a）均勻塗薄層在蛋糕捲用的蛋糕體。

3.在蛋糕捲用的蛋糕體靠面前這邊約3cm內側擠出（b），在對面側5cm內側並排1列鮮栗甘露煮，邊抵著桿麵棒邊捲起蛋糕體。（參照P88 Trick-14 如何捲好蛋捲）

Trick

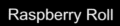

Raspberry Roll

紅果實的蛋糕捲

使用可完全代替麵粉的米粉「利法林」（品牌名）來製作。
加入大量甜酸味之覆盆子所作成之蛋糕捲。
還在香Q的蛋糕體上輕撒糖粉裝飾成為下雪狀。
隱約中可看到紅色果實，非常調皮好玩。

01 製作海綿蛋糕麵糊

■材料【30cm×30cm的方形模型1個份】

海綿蛋糕麵糊利法林

蛋黃	125g（約6個份）
白砂糖	30g
蜂蜜	15g
蛋白	150g（約3又4/3個）
白砂糖	65g
(a)利法林（米粉）	60g
利法林M（糯米）	10g
鮮奶油42%	25g
冷凍覆盆子	60g

完成裝飾

(b)克林姆慕斯調味醬	
巴迪西克林姆	220g
（請參照P11、12以利法林M取代同量之低筋麵粉）	
善提奶油凍打發8分起泡	20g（參照P7）
無鹽奶油	40g
草莓	34g
糖漬草莓（參照P80）	10g
糖粉	2g

1.把蛋黃和白砂糖混合，加入以火力【弱】隔熱水加熱到40度之蜂蜜，慢慢加入混合到變白。

— Trick

2.在另一缽中把蛋白打發起泡，在開始打發時分3次加入白砂糖。（參照P87 Trick-12 蛋白糖霜之打發法）

3.在2中加入1，以木刮刀輕輕混合，加入過篩之（a）（參照P86 Trick-03 粉類的過篩法）再混合。加入以火力【中】加熱到快煮沸之鮮奶油輕輕混合。（參照P86 Trick-01 使水份和油份乳化）

4.倒入鋪有蛋糕捲紙的烤盤中（參照P86 Trick-04 把麵糊倒入模型），均勻地撒上用手撕成小塊的冷凍覆盆子，放入180度的烤箱中烘烤13分鐘，烘烤好連同模型在作業台上輕敲，給予撞擊使內部的熱氣散出。（參照P86 Trick-05 給烘烤好之蛋糕撞擊）之後從模型中取出蛋糕體放置在烤架（烤網）上去除高熱，拿掉蛋糕捲紙。（參照P87 Trick-06 去除高熱之方法）

02 完成裝飾

1.將（b）混合，加入放在室溫溶解之奶油一起混合。

2.在新的蛋糕捲紙上過濾擠出01-4的材料，再把1塗抹多量。在蛋糕體靠面前端3cm內側把草莓並排一列，在上面擠出糖漬草莓。

3.將2捲起（參照P88 Trick-14 如何捲好蛋捲），上面撒糖粉即完成。

es-Chiffon
es-戚風蛋糕

用手一壓馬上會彈回之強力韌性，這就是把麵糰仔
細攪拌之證據。它是隨著擴張在口中之香草香味，
同時可單純地感覺到「粉類之美味」的蛋糕。
如果喜歡可搭配香提奶油凍和糖漬水果一起享用。

■材料【20cm直徑的戚風蛋糕模型1個份】

蛋黃.....................80g(約4個份)	(b)高筋麵粉.....................55g
白砂糖.............................45g	低筋麵粉.....................55g
鹽.....................................1g	泡打粉.........................3g
沙拉油............................100g	
	蛋白.................200g(約5個份)
(a)牛奶............................100g	白砂糖.............................70g
香草豆莢....4g(馬達加斯加產)	伏喬甘邑酒.....................10g

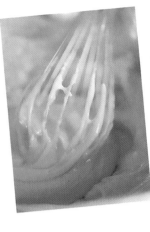

1. 把蛋黃和白砂糖、鹽放入缽中，以打蛋器打發起泡。

2. 沙拉油和（a）分別放入容器中，以火力【弱】隔熱水加熱，使沙拉油加熱到55～60度。（a）是在香味釋出煮沸後，蓋上保鮮膜悶10分鐘（參照P88 Trick-15 增添蛋糕體之香味），擠壓過濾。

3. 在1中慢慢加入沙拉油混合（參照P88 Trick-17 麵糰和油脂、克林姆之關係），再加入（a）的半量。

4. 在3中加入過篩的（b）（參照P86 Trick-03 粉類的過篩法），以打蛋器攪拌到濃稠狀。依序加入（a）和牛奶、香草豆莢的剩下半量、伏喬甘邑酒一起混合到變成濃稠狀。

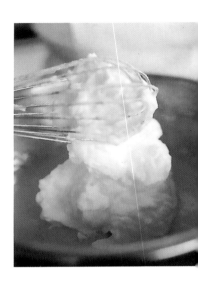

Trick

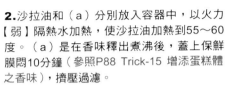

5. 將蛋白和白砂糖打發到產生菱角般的起泡（參照P87 Trick-12 蛋白糖霜之打發法），加入4以木刮刀輕輕混合。【比重】38～42g（參照P86 Trick-02 測量麵糰之比重）

6. 倒入模型中（參照P86 Trick-04 把麵糰倒入模型），放入170度的烤箱中烘烤45分鐘，烘烤好倒放冷卻。（參照P88 Trick-18 戚風蛋糕烘烤後之處理法）

7. 放涼後拿著模型底部慢慢扭動，細心地拿掉模型。

Hyper Rocin'Chou

調皮的搖滾泡芙

將溶解的奶油和粉類迅速混合，要不中斷一口氣攪拌完成。
表面凹凸不平如岩石般膨脹起來的泡芙皮。
材料在鍋內快速攪拌操作著，
當然裡面裝滿了柔軟美味的巴迪西克林姆。
外表看起來非常粗獷，內心卻溫柔甜美。

01 製作泡芙皮

1. 鍋內放牛奶和水、鹽、白砂糖輕輕混合。

2. 加入切成細塊奶油，以火力【強】加熱，以打蛋器迅速混合到快煮沸前溶解奶油。

3. 一煮沸即熄火，馬上把過篩之（a）（參照P86 Trick-03粉類的過篩法）加入2的鍋中。以火力【中】加熱並用木刮刀攪拌使水分蒸發，黏在鍋底的麵糊會很乾淨地脫離鍋底之狀態。

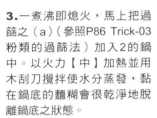

4. 把3移到缽中慢慢加入蛋汁混合到將麵糊舀起時會慢慢滴落之狀態即可。

5. 烤盤（鐵弗龍製的烤盤）上鋪烤紙，以間隔5cm擠出約5cm大之麵糊。如果麵糊冷掉就不好操作，因此要趁熱迅速擠出。（參照P86 Trick-01 使水份和油份乳化）

6. 放入200度烤箱中烘烤35分鐘（參照P89 Trick-20 泡芙皮之烘烤法），烘烤好放置在烤架等上去除高熱。（參照P87 Trick-06 去除高熱之方法）

Trick

■材料【8cm大之泡芙30個份】

泡芙皮

牛奶	130g
水	130g
鹽	2g
白砂糖	6g
無鹽發酵奶油	100g
(a)低筋麵粉	80g
高筋麵粉	80g
全蛋	230g

克林姆慕斯調味醬

巴迪西克林姆（參照P11、12）	720g
鮮奶油47%（8分起泡）	180g

02 完成裝飾

將巴迪西克林姆和鮮奶油混合打發8分起泡，擠入於烘烤好的泡芙皮上切開刀痕之內。

※多餘的泡芙皮材料擠出冷凍凝固後，裝入保存容器或塑膠袋放入冰箱冷凍保存，約1週左右品質不變。

12 minutes Financier

12分鐘
金融家蛋糕

裝入深模型中，在高溫的烤箱中剛好烘烤12分鐘。
根本不用擔心是否溫度會過高呢？
由於是依靠從麵糊的底部壓力和熱度所產生的「岩漿之
對流」因此一定會烤成如此膨鬆又漂亮的金黃色。

■材料【 1個40g共24個份 】

蛋白.............................260g（約6又1/2個）
白砂糖.............................260g

(a)低筋麵粉.............................100g
　玉米粉.............................10g
　杏仁粉（細粉狀）.............................100g
　泡打粉.............................5g

無鹽奶油.............................260g

1. 使用打蛋器打斷蛋白粘液和白砂糖，以擦
底混合成澄清澈之液狀（不要含入空氣）。

2. 以火力【弱】加熱溶解奶油，變金黃色邊
撈起浮沫邊煮（參照P88 Trick-16 奶油和麵
糰之關係）

Trick

3. 擺過篩的（a）加入1（參照P86 Trick-03
粉類的過篩法），用木刮刀輕輕混合，此時
要避免攪拌成粘稠狀，還有殘存乾粉狀態即
可，加入2均勻混合。

4. 將3的麵糊壓擠過濾裝入擠花袋中，擠在
模型中約9分滿（參照P89 Trick-22 膨脹鬆
軟之秘密），放入220度烤箱中烘烤12分
鐘，烘烤好從模型中取出放置在烤架上去除
高熱。（參照P87 Trick-06 去除高熱之方法）

■材料【40g/個30個份】

(a)蜂蜜..25g
　　熱水（60℃）................................30g

(b)鮮奶油47%.....................................92g
　　有鹽奶油.......................................92g
　　無鹽發酵奶油................................92g

全蛋..........................270g（約4又1/2個份）
精緻白糖...300g
鹽...1小撮

(c)低筋麵粉.......................................260g
　　泡打粉...4g
　　杏仁粉..30g
　　玉米粉..10g
　　脫脂奶粉...15g

1. 混合（a）。

Trick

2. 在鍋內放（b）以火力【弱】加熱溶解。（參照P88 Trick-16 奶油和麵糰之關係）

3. 在蛋中加入精緻白糖、鹽以打蛋器打發起泡（參照P87 Trick-12 蛋白糖霜之打發法），在中途加入1。【比重】38～42g（參照P86 Trick-02 測量麵糰之比重）

4. 將（c）混合過篩（參照P86 Trick-03 粉類的過篩法），加入3以木刮刀輕輕混合，再加入2混合。【比重】67～75g

5. 把麵糊倒入鋪有烤紙的模型中，放入170度的烤箱中烘烤25分鐘。

Papa Madeleine

Papa鬆糕

當我小時候，身為蛋糕師傅的家父就作這種鬆糕給我吃。
在維持著乳香風味之下，飄散出鮮奶油和奶油之芳香味，
使用大量的播州產的蛋，烘烤出細緻鬆軟之口感。
我採用家父製作的基本配方再加上自己之嗜好
而作出小山家家傳之獨特鬆糕。

Egg ～蛋～

無論是哪一種糕點都想要表現出的主題？
因此選擇最能符合它的主題性的蛋最重要。

在我小時候記憶非常深刻的是每當放暑假，我常會
去位於兵庫縣多可郡加美町的外婆家去玩。在旦馬地
區的山間被一片綠油油稻田和豐饒翠綠的森林包圍
著，在那興高采烈地捕捉昆蟲是最大樂趣，如今哪裡
的景物依舊並沒有太大的改變。

而所謂的「播州地蛋」是指在加美町所出產的雞
蛋，它是吃了大量的雜草、穀物，經過百日期間所慢
慢培育長大的平地飼養的播州地雞所生出的有機蛋，
大小比一般雞蛋大一號，打開來看蛋白部分會隆起且
蛋黃又凸出於其上。我最喜歡的是蛋黃的顏色，當我
看到稍為橙色又很美味的蛋黃時，總是興奮不已心中
盤算著「到底要作哪一種糕點呢？」

播州地蛋的風味非常濃郁純厚，具有雞蛋原本之香
純。這一種類之雞蛋最適合製作巴迪西克林姆等想強
調雞蛋風味之糕點，但這種雞蛋並不能製作所有的糕
點。例如想要強調蜂蜜的小山蛋糕捲，和想強調牛奶
風味的小山布丁等，必須使用不太強調「蛋感」的一
般無精蛋。因此在製作糕點時必須考慮整體風味之平
衡而選擇雞蛋的種類為要。

此外，在挑選雞蛋的另一個重點是鮮度。越新鮮的
雞蛋其蛋白和蛋黃的表面張力越強，在打發起泡時會
很結實又鬆軟，放在冰箱冰過的雞蛋其表面張力也越
強，打發時也容易起泡。換言之不太新鮮的雞蛋，或
夏天含水量多之雞蛋，因為夏天的母雞喝太多的水分
所致，可放在冰箱中充分冰涼過，可補強其表面張
力。因此想要製作蛋白糖霜，或打發全蛋起泡之糕點
時，要盡量選擇新鮮之雞蛋或冰涼過的雞蛋為要。

PAPI・SAKU

TRICK

第二章　芳香・輕脆之Trick（秘訣）

2

Harvest Time Dotch Pie
收成月的荷蘭派

好像切開管子般製作剖面圖之構造，
非常像講究理性化的德國糕點般。
在派餅內裝滿奶油並含有豐饒純厚風味之堅果。
邊吃會邊在桌上掉落很多派餅屑末，
只要一碰即碎，它是既香脆又纖細的派餅。

■材料【3個份】

濃味杏仁克林姆

濃味杏仁酥	25g
蛋白	40g（約1個）
白砂糖	75g
榛果粉	13g

荷蘭派的頂飾

鬆餅麵糊（參照P26、27）（1個 120g/16cm×25cm）	360g
杏仁	27粒
榛果	27粒
帶皮杏仁片	54g

糖飾

糖粉	50g
水	8g
藍姆酒（迪藍）	2g

完成裝飾

糖漬杏仁	180g
糖稀	60g

01 製作濃味杏仁克林姆

1. 在濃味杏仁酥中慢慢加入蛋白一起混合。

2. 在1中加入白砂糖和榛果粉一起混合。

02 烘烤荷蘭派

1. 在桿成16cm×45cm大小之派皮麵糰上面塗抹濃味杏仁克林姆,然後摺成3～4cm寬的圈狀,放入冰箱約2小時。

2. 在1的圈狀約中央部份劃開刀痕,然後朝外側掀開,撒上烘烤過之杏仁、杏仁片、榛果。

3. 把2放在鋪有烤紙的烤盤上,放入190度的烤箱中烘烤約1小時,在中途當派膨脹起來時,為避免隆起太高要反覆數次從烤箱中取出壓平,烘烤好放置在烤架上去除高熱。(參照P87 Trick-06 去除高熱之方法)

03 完成裝飾

1. 將糖漬杏仁放入鍋內以火力【中】煮熬。

2. 製作完成裝飾用之糖稀。在鍋內放入砂糖和水、藍姆酒混合,以火力【中】加熱到50度,注意如果加熱到60度以上的話,會變成粗粒就無法作成漂亮之糖稀。

3. 烘烤好在派上塗抹1的糖漬杏仁,再用刷子抹上2的糖稀。

Caramel Millefeuille

焦糖色的
千層派

雖然有一股衝動想盡情地攪拌，但在製作派皮時可千萬別太認真攪拌才行。不要太用力而是輕輕地混合水和粉，同時把包入奶油之麵糰，因為神奇的焦糖而轉變為帶有光輝的深糖稀色，於是產生了輕脆又優質之口感的千層派。

■材料【30cm×10cm1個份】

派皮（6張份）

| 發酵無鹽奶油（攪拌用）...........60g |
| 高筋麵粉...........................395g |
| 低筋麵粉...........................170 |
| 水.................................220g |
| 鹽..................................6g |
| 陳年葡萄酒醋.......................13g |

發酵無鹽奶油（摺入用）...........450g

千層派克林姆（1個份）

| 巴迪西克林姆（參照P11、12）...540g |
| 鮮奶油47%（8分起泡）..............60g |

焦糖

| 白砂糖...........................適量 |
| 糖粉.............................適量 |

01 製作派皮

Trick

1. 把摺入用之奶油放入塑膠袋中，趁硬時用桿麵棒敲成18cm四方扁平狀，保持其狀放入冰箱。

2. 先在缽內放入過篩之高筋麵粉、低筋麵粉（參照P86 Trick-03 粉類的過篩法），加入水、鹽、陳年葡萄酒醋輕輕混合到稍殘存乾粉之程度。（參照P89 Trick-24 不會產生出麩質的麵糰之製作法）

3. 在2中加入放在室溫下溶解之攪拌用奶油，充分混合後放入冰箱醒半天。

4. 在撒有手粉之作業台上把3的麵糰桿成26cm的方形，在中央部份放置1的奶油從四方包住。

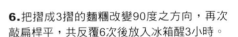

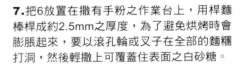

5. 用桿麵棒把4敲成3：1之長方形。

6. 把摺成3摺的麵糰改變90度之方向，再次敲扁桿平，共反覆6次後放入冰箱醒3小時。

7. 把6放置在撒有手粉之作業台上，用桿麵棒桿成約2.5mm之厚度，為了避免烘烤時會膨脹起來，要以滾孔輪或叉子在全部的麵糰打洞，然後輕撒上可覆蓋住表面之白砂糖。

8. 將7桿成30cm的方形，然後放在烤盤上，在其上面鋪上烤紙再擺放鋁盤等之重物，放入190度的烤箱中烘烤25分鐘。拿開重物透過烤紙檢查派皮，如果稍微隆高的話再放重物烘烤10分鐘。

9. 派皮烘烤好，拿開烤紙，再烘烤2～3分鐘到稍微深褐色。

10. 從烤箱中取出派皮翻面，迅速且均勻地撒上糖粉到看不見派皮之程度。

11. 把10再次放入190度烤箱中，烘烤10分鐘，等糖粉溶解成糖稀狀且形成焦色時，從烤箱中取出放置在烤架上，去除高熱。（參照P87 Trick-06 去除高熱之方法）

02 完成千層派克林姆

1. 在巴迪西克林姆中混合打發8分起泡的鮮奶油製作千層派克林姆。（參照P87 Trick-09 鮮奶油之高明打發起泡法）

2. 把烘烤好之派皮切成3等份，將千層派克林姆裝入擠花袋中，依序擠出於外圍、內部，最後在其上面疊上派皮。

3. 第二層也以同樣方式擠出千層派克林姆，在其上面把第三片派皮輕輕壓上，切成適當大小即可享用。
※如果喜歡可撒上糖粉。

Horo Horo Scone
香脆烤餅

Coquant with Chrispy Nuts
香脆堅果杏仁餅

Galette Bretonne
小厚酥餅

Horo Horo Scone
香脆烤餅

為什麼沒有加入克林姆和果醬卻能作出如此的酥餅出來呢！
如果你有如此的想法，此種烤餅可以顛覆過去
你所具有的常識。它不但具有鬆軟、香脆的迷人口感，
同時還帶有又甜又輕柔之奶香風味。
但必須注意在發酵奶油尚未溶解之前迅速作業。

■材料【12個份】

(a)低筋麵粉...............320g
　（在冰箱冰涼過）
　泡打粉.....................8g
　脫脂奶粉..................20g

發酵無鹽奶油...............130g
　（在冰箱冰成硬塊）

(b)酸奶油.....................15g
　粗蔗糖（赤砂糖）.........32g
　白砂糖.....................32g
　全蛋.......130g（約2又1/6個）
　牛奶.......................20g
　鹽.........................3g
　香草豆莢..............1/6支

核桃.......................45g
葡萄乾.....................30g

飾用糖粉...................適量

1. 把過篩的（a）攤開在作業台上，上面放奶油邊用刮板以切開狀加以混合，為避免奶油溶解出來作業要迅速。把奶油分散成細小狀，裝入塑膠袋中放入冰箱冷凍。（參照P88 Trick-16 奶油和麵糰之關係）

2. 把1的麵糰在作業台上攤開成甜甜圈狀，把（b）放入中央，用刮板把全體攪拌均勻。加入切碎的核桃、葡萄乾，邊注意奶油是否溶解，邊迅速揉成一團。

3. 把麵糰撕成高爾夫球般之大小，將撕開的那一側用手撕開成裂痕，以裂痕為頂，整理麵糰之底部，並排在鋪有烤紙的烤盤上，放入180度之烤箱中烘烤18分鐘。

4. 烘烤好放置在烤架上去除高熱，撒上飾用糖粉即完成。（參照P87 Trick-06 去除高熱之方法）

Coquant with Chrispy Nuts
香脆堅果
杏仁餅

在香脆又美味的口感之後，還殘存著沙沙的
焦糖口感之烤餅。這種複雜又帶有立體口感
之構造，只要學會了蛋白糖霜和砂糖的Trick
（秘訣）就可簡單地作出來。

■材料【40個份】

蛋白................120g（約3個份）
白砂糖.....................120g

(a)低筋麵粉..................50g
　白砂糖.....................120g
　杏仁粉....................100g

榛果.......................170g
杏仁.......................170g
開心果......................35g

1. 把堅果類放入180度的烤箱中烘烤10分鐘後，用刀子切成粒狀。

Trick

2. 把蛋白打發成會豎立起菱角狀般之起泡，在中途把砂糖約分成10次慢慢加入混合。（參照P87 Trick-12 蛋白糖霜之打發法）（參照P89 Trick-23 砂糖之奧妙）

3. 將過篩的（a）慢慢加入2中，以木刮刀混合，等全體攪拌均勻後加入1的堅果類一起混合。

4. 在鋪有烤紙的烤盤上，用叉子將麵糰舀起滴落，攤開成為約5cm寬、1cm厚之大小。放入160度的烤箱中烘烤10分鐘，150度再烘烤10分鐘，烘烤好放置在烤架上去除高熱。（參照P87 Trick-06 去除高熱之方法）

Galette Bretonne
小厚酥餅

這是在盛產奶油和鹽的不列塔尼地區之傳統的烤餅。
具有發酵奶油之芳香風味之烤餅，且具有相當之厚度，令人禁不住想咬一口看看。
最後撒上的「飾鹽」會產生卡利卡利的口感非常奇妙。

■材料【44g/共15片】

發酵無鹽奶油	225g
鹽	3g
香草糖（參照P91）	1g
糖霜	140g
蛋黃	40g（約2個份）
藍姆酒（法國產的濃藍姆酒「megrita」最佳）	20g
(a)低筋麵粉	190g
法國粉	20g
杏仁粉	30g

頂飾塗料

蛋黃	20g（約1個份）
全蛋	120g（約2個份）
糖漿	12g
鹽	1小撮
鮮奶油38%	12g
咖啡萃取精（即溶咖啡泡濃亦可）	2g
飾鹽	適量

Trick

1. 把奶油攪拌成鬆軟的克林姆狀。（參照P88 Trick-16 奶油和麵糰之關係）

2. 在1中加入鹽、香草糖、過篩的糖霜，在避免含入空氣下擦底混合。

3. 在2中加入蛋黃混合，再加入藍姆酒混合，將過篩的粉類（a）加入混合。（參照P86 Trick-03 粉類的過篩法）

4. 把3用保鮮膜包起放入冰箱醒1晚後，用桿麵棒桿平成1.5cm厚，用壓模壓成形，再度放入冰箱。

5. 把頂飾塗料之材料混合後塗抹在4的表面上，乾燥後再塗一次，然後用刀在表面輕輕劃刀痕。

6. 把麵糰放入模型中，在中央放1小撮飾鹽。以間隔5cm之寬度並排在鋪有烤紙之烤盤上，放入160度之烤箱烘烤45分鐘。

7. 烘烤好放置在烤架上去除高熱。（參照P87 Trick-06 去除高熱之方法）

■材料【25cm×9cm 1片份】

法國油酥麵糰（參照P36）.......135g
紅玉蘋果.........................3/4個
鮮奶油45%.........................14g
白砂糖.............................10g
發酵無鹽奶油......................4g
蘋果的亮光膠（參照P34、35）..適量
飾用糖粉.........................適量

1.將法國油酥麵糰桿成3mm厚，
然後整理成25cm×13cm左右之
長方形，兩端各向內摺入2cm。

2.將削皮切薄片
的蘋果並排在上
面，充分塗抹沒
有打發起泡之無
糖鮮奶油，上面
撒白砂糖，把奶
油分4處擺放。

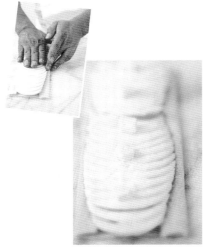

3.放入190度的烤箱中烘烤40分鐘，
烘烤好放在烤架上去除高熱。（參照
P87 Trick-06 去除高熱之方法）

4.最後塗抹上蘋果的亮光膠，撒上飾
用糖粉。

Kogyoku apple Pie

紅玉蘋果派

其實不喜歡吃蘋果派的我，在無意中卻也想要伸手去拿來吃的派。
在薄如餅乾般香鬆輕脆之口感的法國油酥派裡，塗上加入蘋果、
糖具有濃厚味道的鮮奶油，只是加以烘烤而已，如此簡單的作法。
由於蘋果經過烤箱的烘烤後會增加甜味，而刺激人們的味蕾。

Tarte Tatin 韃靼塔

Black Fig Tarte
黑無花果塔

Tarte Tatin

韃靼塔

在烘烤成香脆的千層派上面,將焦糖卡斯達和烤蘋果以積木狀疊上去。
塗上以紅玉蘋果的芯和皮熱煮所作成透明狀的亮光膠,會釋放出有如珠
寶般的光澤以及飄散出淡淡的蘋果香的甜點。

■材料【6個份】

韃靼塔

紅玉蘋果	6個
焦糖（參照P47）	10g
白砂糖	4g
香草（參照P91）	1g

焦糖克林姆

巴迪西克林姆（參照P11、12）	50g
白砂糖	10g
鮮奶油35%	10g

紅玉蘋果亮光醬

紅玉蘋果的芯和皮	6個份
白砂糖	30g

完成裝飾

紅玉蘋果亮光醬	適量
亮光膠	100g
塔皮麵糰（參照P26、27）	120g
粗蔗糖	24g
白砂糖	24g

瑪斯卡波涅乳酪	8g
酸奶油	8g
鮮奶油42%	50g
白砂糖	5g
核桃	適量
紅胡椒	適量
綠薄荷	適量

01 製作基體

1. 在撒手粉之作業台上,把千層派麵糰
桿成2.5mm厚,以叉子或滾孔輪打洞,
然後用8.5cm直徑的中空模型壓型,把
粗蔗糖和白砂糖混合後沾其兩面。

2. 放入190度的烤箱中烘烤28分鐘,在
中途當派隆高起用鋁盤等重壓而烘烤。
烘烤好放置在烤架上去除高熱。（參照
P89 Trick-25 派皮和塔皮之烘烤法）
（參照P87 Trick-06 去除高熱之方法）

02 乾烤紅玉蘋果

1. 把蘋果的皮切開切成瓣狀,削下的皮和芯一起浸泡在鹽水中。

2. 把1的果肉放在烤盤上放入160度的烤箱乾烤30分鐘。

03 製作紅玉蘋果亮光醬

1. 在鍋內放入蘋果皮和芯、白砂糖,邊用木刮刀壓碎蘋果皮和芯,邊以火力【強】煮熱,萃取出蘋果液。

2. 以殘留水分之狀態下離火,壓擠過濾再放涼。放涼後蘋果中所含有之果膠自然會成為亮光醬狀。

04 烘烤韃靼塔

1. 在韃靼塔模型的底部放1小匙焦糖,再擺放3片乾烤過之瓣狀蘋果。

2. 由上面撒白砂糖、香草糖,淋1湯匙的紅玉蘋果亮光醬(剩下須保存下等完成後還須使用)。

3. 把1、2之流程反覆操作1次後,放入170度的烤箱中烘烤1小時,去除高熱後放入冰箱凝固。

05 製作 焦糖克林姆

1. 把白砂糖以火力【強】加熱到焦糖狀。

2. 在另一鍋內以火力【強】煮鮮奶油,煮沸後慢慢加入1中混合。

3. 隔著冰水邊轉動缽邊冷卻。

4. 把巴迪西克林姆和3一起混合。

06 完成裝飾

1. 在鍋內放入亮光膠以火力【弱】加熱,再加入剩下的紅玉蘋果亮光醬混合製作紅玉蘋果亮光膠。(參照P87 Trick-11 給亮光膠增添香味)

2. 在烘烤好的千層派上擠出焦糖克林姆,將韃靼塔翻面疊在上面,以刷子在表面輕輕塗抹上1。

3. 把瑪斯卡波涅乳酪和酸奶油混合,再加入白砂糖混合均勻。

4. 在3中慢慢加入鮮奶油邊隔著冰水冷卻,邊用打蛋器打發8分起泡。

5. 用湯匙把4舀成橄欖球形放在2的上面,最後以核桃、紅胡椒、綠薄荷裝飾即完成。(參照P87 Trick-10 塗抹克林姆時更加美觀)

Black Fig Tarte
黑無花果塔

廣島產的黑無花果和歐洲產的黑無花果一樣具有濃厚之風味而深受人們的喜愛。把這種風味製作成塔，在經過烘烤加以濃縮，使其風味更加濃純芳香且質地更加細緻。在法國油酥麵糰上面擠出杏仁克林姆，然而一個個排放黑無花果之作業樂趣無窮，這也是製作此種糕點的魅力之一。

■材料【20cm直徑的塔模型1個份】

黑無花果（廣島產）..................6個
杏仁克林姆.........................170g
法國油酥麵糰......................180g

法國油酥麵糰

低筋麵粉............................135g
高筋麵粉............................540g
發酵無鹽奶油.....................510g
蛋黃.................20g（約1個份）
鹽.....................................14g
牛奶.................................180g

杏仁克林姆

無鹽奶油...........................180g
白砂糖...............................145g
全蛋...............150g（約2又1/2個份）
杏仁碎片...........................180g
鹽.......................................2g

完成裝飾

糖漬覆盆子（參照P80）........適量
飾用糖粉..............................適量

01 製作法國油酥麵糰

1. 把放入冰箱冷卻之低筋麵粉、高筋麵粉和奶油在作業台上混合，用刮板以切開狀把奶油切成疏鬆狀而後持續切拌。（參照P88 Trick-16 奶油和麵糰之關係）

2. 把1在作業台上作成圈狀，在中央凹陷處放入牛奶、鹽、蛋黃。

3. 從周圍向凹陷處撥下麵糰，輕壓到下方之方式輕輕混合。

4. 放入冰箱醒3小時。

← Trick

02 製作杏仁克林姆

1. 在室溫下溶解成膠狀之奶油中，加入白砂糖、鹽用打蛋器混合成白色。

2. 在1中加入蛋混合均勻後，再加入杏仁碎片，放入冰箱醒2〜3小時。

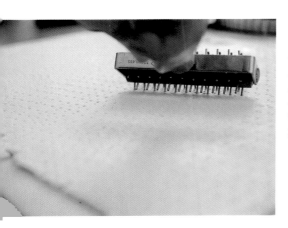

1. 在撒手粉的作業台上以桿麵棒桿成2.5mm厚，再以滾孔輪或叉子等在麵糰上打洞。

03 烘烤塔

2. 以25cm直徑的圓模型（盤子或鍋蓋等均可代用）切割成圓形。

3. 塔模型的上面放切好之法國油酥麵糰，用手指腹輕輕壓著側面和角落處。把桿麵棒在塔模型的邊緣上滾動去除掉多餘之麵糰。

4. 把杏仁克林姆裝入擠花袋中，由中心向外擠出漩渦狀。

5. 把黑無花果連皮切成瓣狀，在4的上面從外側並排好，放入180度的烤箱烘烤1小時。

04 完成裝飾

1. 在烘烤好的塔上面撒飾用糖粉，從上面擠出糖漬覆盆子，最後在上面裝飾切成適當大小之黑無花果實。

Fully Ripened Banana Tarte with Hazelnut

完熟香蕉、榛果塔

以藍姆酒煮熬成泥狀的完熟香蕉為主角，
再以著名的配角巧克力、榛果、焦糖一起搭配成奢華風味之塔。
把這些素材加以混合交織成和諧的合音，它是喜愛香蕉者之最愛。

■材料【20cm直徑的塔模型3個份】

塔皮麵糰（1個份使用165g）

無鹽奶油	180g
白砂糖	95g
鹽	3g
香草糖（參照P91）	1g
全蛋	60g（約1個份）
杏仁碎片	40g
低筋麵粉	200g
高筋麵粉	50g

香蕉煮焦糖

完熟香蕉	15支（1個份5支）
白砂糖	300g
無鹽奶油	75g
藍姆酒（megrita）	18g

榛果蜜餞

榛果（烘烤過）	200g
白砂糖	85g
水	25g
香草豆莢（布爾頓種馬達加斯加產）	1/10支
發酵無鹽奶油	10g

完成裝飾

乳酪混合餡料（參照P74、75）	600g
杏仁克林姆（參照P36、37）	240g
濃甜巧克力（卡利保公司3815號）	45g
海綿蛋糕（18cm直徑8mm薄片）	3片
香草糖（參照P91）	3g
香葉芹	3片
飾用糖粉	適量

01 製作塔皮

1. 在缽中放入奶油、鹽、香草糖、白砂糖一起混合後，加入蛋攪拌到稍微變白色。

2. 加入過篩的杏仁碎片、低筋麵粉、高筋麵粉輕輕混合。（參照P89 Trick-24 不會產生出麩質的麵糰之製作法）之後放入冰箱醒3小時。

3. 在撒手粉的作業台上，將2用桿麵棒桿成2.5mm厚，再用滾孔輪或叉子等在麵糰上打洞。以25cm直徑的圓形模型（也可以盤子或鍋蓋取代）壓成圓形。

4. 把3放在塔模型的上面，用手指腹輕壓側面和角落處。再以桿麵棒在塔模型的邊緣上滾動去除多餘部分。

5. 把裁成30cm直徑在外側劃開刀痕的烤紙放在4的上面，為避免派膨脹在上面放置重石（塔石），放入160度的烤箱中乾烤20分鐘。（參照P89 Trick-25 派皮和塔皮之烘烤法）

6. 烘烤好從模型中取出，放在烤架上去除高熱。（參照P87 Trick-06 去除高熱之方法）

Trick

02 製作煮香蕉

1. 在鍋內放入白砂糖，以火力【強】加熱到白砂糖溶解冒出白煙時加入奶油。

2. 把塔皮切成1/2長之香蕉放入1中包裹住。加入藍姆酒到酒精發散即熄火。

03 擠出杏仁克林姆

1. 把杏仁克林姆在乾烤的塔皮上由中央向外擠出漩渦狀。

2. 在1的上面撒濃甜巧克力細粒,再放上切成8mm厚之海綿蛋糕。

3. 在2的上面並排煮香蕉,倒入乳酪混合餡料,上面撒香草糖放入180度的烤箱中烘烤40分鐘。

04 榛果蜜餞和完成裝飾

Trick

1. 把香草豆莢縱向撕開刮下種仔後,和白砂糖、水一起放入鍋中,以火力【強】煮熬。

2. 當1煮熬成糖漿狀時(121度以上),加入榛果裹上。到水分蒸發時即離火,再用木刮刀加以混合,使溶解的砂糖變成白色的結晶。(參照P89 Trick-23 砂糖之奧妙)

3. 將2再次以IH(感應加熱烹調電爐)的火力【強】超過160度將砂糖溶解出成為焦糖狀。

4. 焦糖狀後即離火,趁著尚未變硬裹上奶油,在烤紙上以一定間隔並排放涼(因為高溫,作業時須使用布手套或橡皮手套)。

5. 在【03】烘烤好的塔上面撒上4,邊緣撒上飾用糖粉,再以香葉芹裝飾即完成。(參照P89 Trick-26 撒糖粉之要訣)

Mont Blanc with Ripened Chestnut

完熟栗子的伯朗峰

將蒸熟之完熟栗子一個個撈起之作業非常費事
辛苦，但從皮飄散出微微的澀味之伯朗峰克林
姆，卻帶給人們意想不到之強烈懷舊氣氛。
而為了要品嘗鬆軟栗子的風味，
要在香提奶油凍中減少糖分，使其有強弱之分。

■材料【6個份】

伯朗峰克林姆

【蒸栗子泥】
完熟栗子.............................160g
（以10月初旬採收之甜度16%以上者為最佳）
白砂糖...............................32g

【伯朗峰糖漿】
牛奶.................................32g
糖稀.................................16g
無鹽奶油..............................8g

完成裝飾

鬆餅（參照P26、27）...................120g
粗蔗糖................................24g
白砂糖................................24g
善提奶油凍（參照P7、8）................60g
帶薄膜之栗子的甘露煮...................3個
（和P11做法相同連同薄膜一起煮熱）

01 製作鬆餅皮

1. 在撒手粉之作業台上桿平鬆餅皮麵糰成為2.5mm厚，以
滾孔輪和叉子打洞，用8.5cm直徑的中空模型壓成圓形。把
粗蔗糖和白砂糖混合後塗抹在其兩面，然後並排在鋪有烤
紙之烤盤上，放入190度的烤箱中烘烤28度，在中途麵糰隆
高起時，以鋁盤等的重物壓著，烘烤好放置在烤架上去除
高熱。（參照P89 Trick-25 派皮和塔皮之烘烤法）（參照
P87 Trick-06 去除高熱之方法）

02 製作伯朗峰克林姆

1. 把蒸熟栗子用湯匙挖出果肉，加入白砂糖混合成泥狀。

2. 製作伯朗峰糖漿。在鍋內放入牛奶，以火力【弱】加熱
再加入糖稀、奶油一起混合。

3. 把1的蒸栗子泥中混合2，充分攪拌均勻。

03 完成裝飾

1. 在烘烤好的鬆餅中央
擠出打發8分起泡之香提
奶油凍，在其上面放置
切成兩半之帶薄膜栗子
之甘露煮。

2. 把伯朗峰克林姆裝入
套有伯朗峰專用擠花嘴
之擠花袋中，在1上面擠
出漩渦狀即完成。

Red Cap Sweet Potato Cake

戴紅帽的甜甘藷

還保存著烤甘藷之鬆軟感，
卻又煮成具有濃厚乳香風味的甘藷餅（鳴門金時）。
由於是冰凍過才烘烤，
所以是把美味封閉在其中之甘藷球，
上面添加以柳橙汁煮的「帽子」作為頂飾非常可愛。

■材料【20個份】

肉桂塔皮

塔皮（參照P39、40）	40g
肉桂	少量

甘藷球

甘藷（德島產鳴門金時）	800g
白砂糖	200g
無鹽奶油	50g
蛋黃	100g（約5個份）
鮮奶油42%	240g

頂飾塗料

從P30中的材料中去除咖啡萃取液	適量

完成裝飾

甘藷（德島產鳴門金時）	8mm
厚的薄片	20片
水	150g
柳橙果汁	150g
（也可用100%柳橙糖漿取代）	
白砂糖	90g
杏子果醬	適量
黑芝麻、金芝麻	各適量

01 烘烤肉桂塔皮

1.在塔皮麵糰的材料中撒入少量之肉桂粉，依序混合後以桿麵棒桿扁，再以滾孔輪或叉子打洞，用2.3cm的中空模型壓取圓形。

03 完成裝飾

1.把（鳴門金時）甘藷輪切（約4mm寬）泡水，去除澱粉。

2.在鍋內放入水、柳橙果汁、白砂糖和1，以紙當蓋以火力【中】加熱煮熬。

3.在烘烤好的【02】上部擠出少量之杏子果醬，把2放在上面再撒些黑芝麻和金芝麻裝飾即完成。

02 製作甘藷球

1.在烤盤上鋪滿塔石，把（鳴門金時）甘藷放入180度的烤箱中烘烤1小時（用錫箔紙包起烘烤更佳）。※一般甘藷替代亦可。

2.在鍋內放入鮮奶油、白砂糖，以及把塔皮的1之3/4量用手撕開加入，再加入蛋黃攪拌。混合均勻後用火力【中】加熱攪拌煮熬到變濃稠狀。

3.加入剩下的2之甘藷和奶油，輕輕混合到稍微保存甘藷之口感的程度即可。

4.把3放涼後分成如高爾夫球大小之球狀。

5.把4放在肉桂塔皮的上面，以刷子塗上頂飾塗料，放入200度的烤箱中烘烤15分鐘，烘烤好放置在烤架上去除高熱。
（參照P87 Trick-06 去除高熱之方法）

Fruits & Liquor
～水果和利口酒～

雖然已經採用新鮮草莓之風味，但仍覺得不太滿足…，在此時，利口酒就可派上用場了！

　　草莓、覆盆子、香蕉、無花果、奇異果…等，在這次所要介紹的食譜中將會使用水果來製作很多糕點。但如果各位想製作這些的糕點時，首先要考慮水果之狀態。例如在製作「完熟香蕉、榛果塔」時，應使用高甜度之「完熟香蕉」而非未成熟之青色硬香蕉，否則即使按照食譜中之份量來製作，但因為未完熟在裹上焦糖時就不會產生入口即化的口感出來，而是變成蒸馬鈴薯之狀態，但相反的在製作奇異果時要使用煮過後仍殘留有咀嚼感般，千萬不要過度完熟要稍微硬些才是高明之作法。這就意味靠著製作糕點之流程或全體所表現出之風味的不同，雖然使用相同種類之水果，但必須觀察其完熟度分別使用為宜。

　　此外，最近加上流通之發達，外國產的新鮮水果也能源源不斷地進口。但使用相同的草莓以外國產和本國產的相比的話，其味道就有差異。日本因雨多，土壤養分流失所致若和雨少的國家所生產的相比，其味道和香味較淡。因此和腦中所想的「真正的草莓」風味有些欠缺不足，在此時要派上用的是利口酒。例如「VERY BERRY蛋糕」在海綿蛋糕中作為夾心草莓的是使用取名為（oau de vie framboise）的覆盆子和覆盆子利口酒和糖粉一起熬煮，採用此法才可引導出具有「草莓的芳香和風味」。同樣的完熟香蕉的塔是採用甘醇濃厚之風味的藍姆酒、柑橘系列的水果加上柳橙的利口酒之君度橙皮酒來搭配組合，所採用之利口酒是擔任補強水果之風味的腳色。在製作糕點時採用利口酒，一般人會連想到在麵糰或克林姆內加入多量的利口酒之方式，但以我而言，我喜歡當作補強之材料而以隱味方式來加以使用，同時我也認為此一方法也是最適合日本人之方法。

NAMERAKA
PURURUN
TRICK

第三章 又滑嫩又彈性佳的Trick（秘訣）

3

Koyama Pudding
小山布丁

不僅小孩喜歡，意外地連爸媽也非常喜愛的令人懷舊卻又具有新風味的布丁。
組合了口感非常清淡的冰上牛奶和蔗糖的美好甜味，
再加上瑪達加斯加產的香草豆莢…，
下面將介紹分別把各材料的個性加以襯托出之小小的Trick（秘訣）。

Trick

■材料【10個份】

布丁

冰上牛奶（品牌名）......................510g
鮮奶油42%...........................180g
蛋黃............................60g（約3個份）
全蛋............................30g（約1/2個份）
蔗糖...............................66g
香草豆莢.............................1/2支
去除泡沫用食品用酒精..............適量

焦糖

白砂糖.............................50g
熱水（約90度）.....................適量

01 製作焦糖

1. 把白砂糖分2、3次加入鍋內，以火力【強】加熱溶解，為避免卡在鍋邊緣上之砂糖煮焦，邊搖晃鍋子邊煮溶。

2. 當1要煮熬到冒出煙時，加入熱水（參照P89 Trick-23 砂糖之奧妙），如果一口氣加入熱水會濺出，因此要慢慢少量加入為宜。

3. 離火，趁熱倒入布丁模型中。

02 製作布丁

1. 在鍋內放入牛奶和劃開刀痕之香草豆莢，以火力【強】加熱。

Trick

2. 在1快要煮沸前離火，在鍋上覆蓋上保鮮膜蒸5分鐘。（參照P88 Trick-15 增添蛋糕體之香味）

5. 以過濾器擠壓過濾4。從過濾器的側面注入才不會混入氣泡。

6. 如果表面上有氣泡，而連同氣泡一起去烘烤的話，就會變得不美觀，因此要用餐巾紙仔細去掉表面之氣泡。

7. 將6倒入【01】中裝有焦糖之模型中，由於香草豆莢容易黏在鍋底，因此要充分攪拌均勻後才可作業。可把麵糊倒入茶壺或水壺中方便作業。

3. 在2中加入鮮奶油和蔗糖以火力【中】加熱到80度。

4. 在缽中放入蛋黃和全蛋，避免產生氣泡下輕輕注入3。

8. 在布丁表面用噴霧器噴一下食品用酒精，消除氣泡。

9. 烤盤上裝80度的熱水後放入布丁模型，再放入150度的烤箱中烘烤60分鐘即完成。

杏仁豆腐P.49

Mango Mango
芒果甜品

組合了酸甜的菲律賓芒果和超甜的墨西哥芒果。
採用形狀和味道均不同之兩種芒果一起做成之甜品，
它是能夠逼真地重現記憶中「美好的芒果原味」。
注意為了保存果粒的口感，不要過度攪拌果肉。

■材料【10個份】

布丁		已過濾的牛奶醬	
菲律賓芒果	200g	牛奶	100g
墨西哥芒果	230g	脫脂奶粉	25g
酸奶油	10g	白砂糖	8g
白砂糖	85g		
板狀明膠	6g（約3片）	**完成裝飾**	
水	240g		
牛奶	70g	綠薄荷	10片
鮮奶油35%	35g	墨西哥芒果	1個
檸檬果汁	5g		

1. 將兩種芒果削皮去籽隨意切塊，淋上檸檬果汁。切芒果時要沿著纖維之方向切片。為了能保存果肉之口感，不要使用食物處理機等而採用木刮刀混合。

2. 在缽內放入1混合，加入酸奶油混合。

3. 在鍋子內放白砂糖、水、牛奶以火力【強】加熱。

4. 把3煮沸後熄火，放入泡軟的板狀明膠溶解（參照P88 Trick-19 明膠之溶解法），溶解後，用過濾器過濾擠壓到缽內。

5. 在4的缽底隔冰水，邊轉動缽邊冷卻到15度。（參照P87 Trick-06 去除高熱之方法）

6. 將5放入2的缽內混合，加入鮮奶油混合好，倒入模型放入冰箱冷卻凝固。

7. 在鍋內放入醬的材料，以火力【中】煮熱，去除高熱後放入冰箱冷卻。

8. 把6盛在容器上，淋上7的醬料，以切成塊狀的墨西哥芒果和綠薄荷加以裝飾。

Annin Tofu
杏仁豆腐

杏仁豆腐原本是要品嘗杏仁獨特之清涼感的香味和稍微帶有苦味的點心。
為了使其特徵更加突顯出來,必須具有混合使用南杏和北杏之技術才行。
同時把明膠的量減少一些,作成柔軟香Q之口感也是美味的要訣。

■材料

杏仁豆腐

南杏	25g
北杏	15g
水	500g
鮮奶油35%	50g
板狀明膠	8g(約4片)
精緻白糖	56g
杏仁霜	30g
牛奶	170g
煉奶	30g

杏仁醬

精緻白糖	30g
杏仁霜	20g
牛奶	120g
煉奶	20g
鮮奶油35%	35g

完成裝飾

牛奶	900g
寡糖(低聚糖亦可)	15g
枸杞的果實	27個
南杏的果實	27個

01 製作杏仁豆腐

Trick

1.把南杏和北杏泡水半天,釋放出精華液。(參照P90 Trick-27 杏仁之混合)

2.把1放入攪碎器內攪碎,以火力【強】煮沸後離火。

3.以保鮮膜覆蓋鍋子悶5分鐘(參照P88 Trick-15 增添蛋糕體之香味)後,以過濾器過濾擠壓去渣。

4.在另一鍋內放入精緻白糖、杏仁霜、牛奶、煉奶,以火力【中】加熱,因容易煮焦要不斷攪拌

5.等變濃稠時,熄火加入3。

6.再次以火力【中】加熱,到快煮沸前離火,加入泡軟的板狀明膠溶解。(參照P88 Trick-19 明膠之溶解法)

7.把6移到缽內,隔冰水邊轉動邊冷卻到15度。(參照P87 Trick-06 去除高熱之方法)

8.在7中加入沒有打發起泡之鮮奶油混合,倒入模型放入冰箱3小時冷卻凝固。

02 完成裝飾

1.製作杏仁醬。在鍋內放入杏仁醬的材料,以火力【中】加熱,到濃稠即可。

2.製作糖藝術。在金屬軟墊上將寡糖攤開為10cm長的細長棒狀,放入180度的烤箱中烘烤10分鐘,趁熱從上面撒枸杞的果實和南杏的果實,放涼即可。

3.在容器中放入牛奶,在其上盛著用湯匙舀起之杏仁豆腐。

4.在3的上面淋上1的醬,再以2的糖藝術加以頂飾即完成。

■材料【10個份】

金芝麻奶凍

金芝麻....................	50g
牛奶....................	300g
白砂糖....................	30g
板狀明膠........	4g（約2片）
鮮奶油35%..........	180g

豆奶奶凍

豆奶....................	300g
白砂糖....................	25g
板狀明膠........	4g（約2片）
鮮奶油35%..........	130g

黑糖蜜

黑糖....................	50g
和三盆糖（晶糖）....	25g
白砂糖....................	8g
水....................	50g

完成裝飾

起泡鮮奶油..........	適量
（鮮奶油35%打發8分起泡）	
寡糖（低聚糖亦可）....	40g
利・斯麩雷..........	適量
紅胡椒.................	適量

Blanc manger of Golden sesame and Soymilk

金芝麻和豆奶的奶凍

把金芝麻細心地炒過，使每一粒芝麻的香味均充分展現出來。
要將此種「王者的芝麻」之芳醇香味作為特色所完成之奶凍的要訣
是趁著其特徵之香味尚未喪失之前迅速完成為宜。
和豆奶奶凍一起品嘗其纖細味道之差異吧！

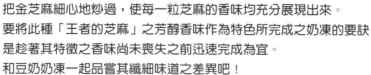

01 製作金芝麻奶凍

1. 在平底鍋內放金芝麻,以火力【強】炒到發出霹靂巴拉之聲音。

2. 將1用食物處理器磨成粉末狀。

3. 在2的食物處理器中加入份量的牛奶之半量,繼續混合。

4. 把剩下的牛奶放入鍋內,在其中加入3一起混合,以火力【中】加熱,到快煮沸前離火,以保鮮膜覆蓋鍋子悶5分鐘。(參照P88 Trick-15 增添蛋糕體之香味)

5. 把4用過濾器過濾擠壓後加入白砂糖,再次以火力【強】加熱到90度後離火,加入泡軟的板狀明膠。(參照P88 Trick-19 明膠之溶解法)

6. 把5過濾擠壓後,在缽底隔冰水邊轉動邊冷卻到變濃稠狀。(參照P87 Trick-06 去除高熱之方法)

7. 缽底隔著冰水加入沒有打發起泡之鮮奶油,攪拌均勻後倒入模型,放入冰箱3小時冷卻凝固。

02 製作豆奶奶凍

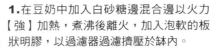

1. 在豆奶中加入白砂糖邊混合邊以火力【強】加熱,煮沸後離火,加入泡軟的板狀明膠,以過濾器過濾擠壓於缽內。

2. 在1的缽底隔著冰水邊轉動邊冷卻到變濃稠狀。

3. 缽底隔著冰水加入沒有打發起泡之鮮奶油,攪拌均勻後倒入模型,放入冰箱3小時冷卻凝固。

03 完成裝飾

1. 製作黑糖蜜。在加熱的鍋內加入白砂糖以火力【中】加熱到成為焦糖化。

2. 把1倒入另一鍋內加入快煮沸前之熱水,再加入和三盆糖(晶糖)、黑糖蓋上蓋子煮沸,去除浮沫後放涼。

3. 製作糖藝術。在金屬軟墊上將寡糖攤開為7cm寬,放入180度的烤箱中烘烤10分鐘,趁熱由上面撒利‧斯麩雷和紅胡椒後放涼。

4. 在容器內擠出發泡鮮奶油,在其上面交替盛上金芝麻奶凍和豆奶奶凍。

5. 從上面淋2的黑糖蜜,以3的糖藝術加以頂飾即完成。

Trick ↓

Greentea bavarian cream with Yuzu source

添加柚子醬之
抹茶巴伐利亞奶凍

把在京都料理中不可欠缺的柚子香味之餘韻表現在糕點上…。
這是根據此一構想所製作出的糕點。
在帶有微苦味的宇治之濃厚風味的抹茶巴伐利亞奶凍中，
加上柚子皮泥的果醬，使故鄉‧京都之風情展露無遺。

■材料【10個份】

抹茶巴伐利亞奶凍		柚子醬		糯米糰子		裝飾用大龍蝦	
抹茶（濃厚宇治抹茶一品牌名）...18g		水...................600g		糯米粉.............適量		有鹽奶油.................30g	
白砂糖....................80g		白砂糖................100g		糖粉..........糯米粉的15%		糖粉.......................30g	
蛋黃.........60g（約3個份）		柚子皮（磨泥）......1/4個份		水..................適量		蛋白.......................30g	
牛奶.....................415g		柚子果汁...............15g				低筋麵粉.................30g	
板狀明膠.........6g（約3片）		吉野葛粉...............30g		完成裝飾		利·斯麩雷...............適量	
鮮奶油35%.............190g		水.....................50g		粒狀紅豆餡.............適量			

01 製作抹茶 巴伐利亞奶凍

Trick

1.製作抹茶的安格拉醬。在缽內放入抹茶和白砂糖，以摩擦狀混合，再加入蛋黃一起混合。

2.在1中加入加熱到80度之牛奶，為避免產生結塊分數次加入。

3.將2移到鍋內，以耐熱橡皮刮刀混合，並以火力【中】加熱到82度。（參照P88 Trick-13 砂糖和蛋和牛奶的加熱之要訣）（參照P90 Trick-33 雞蛋的殺菌法）

4.等安格拉醬煮好後熄火，加入泡軟的板狀明膠，以過濾器過濾擠壓。（參照P88 Trick-19 明膠之溶解法）

5.在4的缽底隔著冰水，邊轉動邊冷卻到20度。（參照P87 Trick-06 去除高熱之方法）

6.在5中加入打發6分起泡之鮮奶油混合後，放入冰箱2小時冷卻凝固。

02 完成裝飾

1.製作柚子醬。在鍋內放水和白砂糖、柚子皮以火力【強】加熱，煮沸後加入柚子果汁和用水溶解之吉野葛粉，再次煮沸後熄火，放涼。

2.製作糯米糰子。在缽內放糯米粉和糖粉，邊加水邊攪拌到適當軟度搓成2cm大小之球狀，在鍋中裝水以火力【中】煮沸，趁沸騰時放入球狀之糰子，等糰子浮上來即撈起放入冰水。

3.製作裝飾用大龍蝦。把在室溫為稠狀之奶油放入糖粉中，慢慢加入蛋白使其乳化，最後加入低筋麵粉混合均勻。

4.把麵糊裝入擠花袋中，擠在鋪有烤紙之烤盤上，撒上利·斯麩雷放入180度的烤箱中烘烤10分鐘後冷卻。

5.在容器上盛著抹茶巴伐利亞奶凍和糯米糰子、粒狀紅豆餡，淋上柚子醬後，以3的大龍蝦加以裝飾即完成。

Milk Products
各種的乳製品

將奶油以％來區分使用或混合。
考慮乳製品之特徵和全體之平衡而挑選適當的來加以使用。

　如Papa鬆糕、小山蛋糕捲、小山布丁…，為展現這些糕點令人懷念之乳香味，而擔任重要角色的是牛奶和鮮奶油等的乳製品。

●牛奶

在小山糕點店所坐落的兵庫縣三田市的隔壁鄉鎮，冰上町所生產的「冰上牛奶」，它是少數的酪農家細心製造出來，高品質的低溫殺菌，無污染的牛奶。雖然含有微微的甜味，但具有非常清爽、可口之喉韻，連討厭牛奶的人也會喜歡喝之清淡味道。而小山布丁就是將這種牛奶的特徵發揮到極限所呈現出之糕點。此外，如巴迪西克林姆等想要展現出濃厚和香醇風味時，使用同樣是以低溫殺菌，無污染的岡山產「蒜山喬治牛奶」。

●鮮奶油

鮮奶油是以各種不同％的乳脂肪份，或北海道產、或本洲產來加以區分使用。如巴迪西克林姆是使用北海道產47％，它是在釧路濕原地區以餵食營養的牧草之乳牛所生產的牛奶製成帶有濃厚味的克林姆，這是和要呈現出「克林姆色」的牛奶之香醇風味完全不同。另一方面，在裝飾上用的香提奶油凍則是要展現出又白又美麗之色澤為最重要，因此將本州產的42％和北海道產的35％的奶油加以混合，活用北海道產的香醇和芳香而表現出又白又滑潤之成品出來。

●奶油

我使用了發酵奶油、無鹽奶油和有鹽奶油3種，其中發酵奶油是使用於小厚酥餅和派類等，這是為了突顯奶油之風味。至於有鹽奶油則是使用於金融家蛋糕等的糕點，為了統合味道而將鹽味當作隱味來使用。此外無鹽奶油則是使用於海綿蛋糕等的糕點，不想太突顯奶油本身之個性時所使用的。

●乳酪

我最喜歡的是瑪斯卡波涅乳酪，它並沒有太強烈的個性而可表現出滑潤又具有奶香味，常被使用於慕斯等。如果要製作乳酪蛋糕時，可加入幾種奶油乳酪和酸奶油等一起混合使用。例如es乳酪蛋糕是將具有鹽味的法國產和丹麥產的2種乳酪混合，更能展現出深厚濃醇感之味道。

CHOCOLAT
TRICK
第四章　巧克力的秘訣

4

es-Chocolat
es-巧克力

添加覆盆子利口酒之香味的巧克力慕斯和
混合2種的苦味巧克力的巧克力海綿蛋糕，
在舌頭上融合在一起使甘美的香味
和風味擴散開來的蛋糕。
在此要向難度稍高之巧克力的
調和技術來挑戰看看。

■材料【24cm×33cm×5cm的無底烤框1個份】

巧克力海綿蛋糕

蛋白........................160g（約4個份）
白砂糖..90g
濃甜巧克力（Lay公司「阿帕馬鐵」）.....40g
濃甜巧克力（加內保公司「3815」）.....40g
鮮奶油42%....................................45g
低筋麵粉..45g

慕斯

牛奶..220g
蛋黃..................55g（約2又3/4個）
白砂糖..55g
軟凝劑（明膠粉）............................8g
濃甜巧克力............................300g
（Lay公司「阿帕馬鐵」）
覆盆子水果酒................................35g
鮮奶油42%..................................540g

完成裝飾

【巧克力千層餅】
千層餅（卡卡歐巴里公司「千層餅」）.........100g
牛奶巧克力（卡卡歐巴里公司「拉菲蒂」）...80g
榛果泥（卡卡歐巴里公司「榛果泥」）...........40g

【香提克林姆】（參照P7、8）
鮮奶油35%....................................400g
白砂糖..28g

【裝飾用巧克力】
牛奶巧克力....................................12g
濃甜巧克力（加內保公司「3815」）...........12g

01 製作巧克力海綿蛋糕

1. 打發蛋白糖霜。在中途慢慢加入白砂糖。（參照P87 Trick-12 蛋白糖霜之打發法）

2. 以隔水加熱溶解濃甜巧克力，加入以火力【強】加熱到快煮沸前之鮮奶油，混合到乳化變成又嫩又Q之狀態。（參照P86 Trick-01 使水份和油份乳化）

3. 將1的半量用橡皮刮刀舀到2的缽內，注意如果巧克力會黏在刮刀上，表示蛋白糖霜之泡沫會消失。

4. 將3的全體輕輕混合，加入過篩的低筋麵粉（參照P86 Trick-03 粉類的過篩法）混合。

5. 加入1的剩下半量混合。【比重】43～47g（45g為最佳）。（參照P86 Trick-02 測量麵糰之比重）

6. 把麵糊倒入鋪有蛋糕捲的烤盤上約8分滿（參照P86Trick-04 把麵糰倒入模型），放入170度的烤箱中烘烤20分鐘，烤好放在烤架上去除高熱。（參照P87 Trick-06 去除高熱之方法）

02 製作慕斯

1. 混合白砂糖和軟凝劑後，和蛋黃一起摩擦混合，加入快煮沸前之牛奶以火力【中】煮熬成安格拉醬。（參照P88 Trick-13 砂糖和蛋和牛奶的加熱之要訣）（參照P90 Trick-33 雞蛋的殺菌法）

2. 慢慢加入切碎的濃甜巧克力，混合到乳化變成又嫩又Q之狀態，加入覆盆子水果酒。（參照P86 Trick-01 使水份和油份乳化）

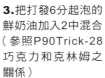

3. 把打發6分起泡的鮮奶油加入2中混合（參照P90Trick-28 巧克力和克林姆之關係）

Trick

03 完成裝飾

1. 把牛奶巧克力和榛果泥隔水加熱，和千層餅麵糰混合作成巧克力千層餅麵糰。

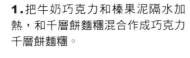

2. 把慕斯麵糊倒入烤盤內，上面放巧克力海綿蛋糕，放入冰箱（或冷凍庫）約1小時冷卻。

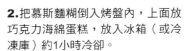

3. 凝固後抹上多量的香提奶油凍，再加上巧克力海綿蛋糕，在上面抹巧克力千層餅，覆蓋上保鮮膜以板狀重物壓著，放入冰箱約3小時冷卻。

4. 分別把牛奶巧克力和濃甜巧克力加以調溫（參照P90Trick-29 巧克力之調溫），各自裝入擠花袋中擠出約5元硬幣大小，上面以抹刀用力壓扁作成裝飾。

5. 將3翻面，拿掉模型，用4裝飾即完成。

■材料（15cm直徑的圓形模型2個份）

蛋黃............................80g（約4個份）
糖粉（蛋黃用）....................48g
濃甜巧克力（Lay公司「阿帕馬鐵」）.....72g
濃甜巧克力（加內保公司「3815」）......72g
發酵無鹽奶油.......................143g
蛋白............................160g（約4個份）
糖粉（蛋白糖霜用）..................72g
巧克力海綿蛋糕（參照P60）
............15cm的圓形1cm厚1片

Souffle Chocolat
蒸烤 巧克力

它是完全不使用麵粉，
只是把蛋白糖霜發酵膨脹之蛋糕，
好像舒服利餅般的「鬆軟」
入口即化為其魅力。
它的材料非常單純，
在初期階段中把蛋和巧克力
完全乳化是成功的秘訣。

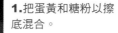 Trick

1. 把蛋黃和糖粉以擦底混合。

2. 把2種的濃甜巧克力和奶油放入缽內，以火力【中】隔水加熱溶解。

3. 將2的溫度保持在55度，然後慢慢混合1使其乳化。（參照P86 Trick-01 使水份和油份乳化）

4. 在蛋白糖霜中加入糖粉打發7分起泡（參照P87 Trick-12 蛋白糖霜之打發法），加入3以打蛋器混合。

5. 在模型的底部和側面鋪上烤紙，放上1cm厚的巧克力海綿蛋糕，然後把4倒在上面。在烤盤上倒入溫水，把模型隔水放入150度的烤箱中蒸烤40分鐘，烤好後裝在模型中去除高熱。（參照P87 Trick-06 去除高熱之方法）可依自己喜好裝飾用糖粉和香提奶油凍。

Marbled Chocolat

大理石巧克力蛋糕

被如鞣皮般滑潤、可口的可麗餅溫柔地
包起來的大理石的巴伐利亞奶凍。
不要把微甜的白巧克力麵糰和微苦的黑巧克力
麵糰混合過度，這和美麗的大理石圖案和味道有著密切之關係。

■材料【18cm直徑的空心壓模2個份】

巧克力海綿蛋糕
（分別打發法．18cm直徑的圓型1個份）

全蛋	100g（約1又2/3個份）
白砂糖（全蛋用）	73g
蛋白	40g（約1個份）
白砂糖（蛋白糖霜用）	25g
低筋麵粉	55g
可可粉	10g
鮮奶油42%	30g

大理石巴伐利亞奶凍

牛奶	230g
蛋黃	95g（約4又3/4個份）
白砂糖	42g
板狀明膠	10g（約5片）
白巧克力（巴羅那公司「伊波哇魯」）	120g
鮮奶油35%	560g
殺菌蛋白	40g（約1個份）
白砂糖	20g
濃甜巧克力（加內保公司「3815」）	50g
牛奶	50g

可可可麗餅10片

高筋麵粉	38g
低筋麵粉	25g
白砂糖	20g
牛奶	200g
全蛋	125g
可可粉	5g
牛奶	20g

完成裝飾

香提奶油凍（參照P7、8）	160g
飾用糖粉	適量

01 製作巧克力海綿蛋糕

1.邊在全蛋中加入白砂糖，邊打發到濃稠狀。【比重】20～24g（21、22為最佳）。（參照P86 Trick-02 測量麵糰之比重）。

2.在另一缽內放蛋白，慢慢加入白砂糖打發到可豎立成菱角狀製作蛋白糖霜。（參照P87 Trick-12 蛋白糖霜之打發法）

3.把蛋白糖霜的半量加入1中，邊弄散蛋白糖霜邊把全體混合均勻。

4.加入過篩的低筋麵粉和可可粉混合後，加入剩下半量的蛋白糖霜混合，再加入以火力【強】煮到快沸騰前的加熱鮮奶油。（參照P88 Trick-17 麵糰和油脂、克林姆之關係）

5.把麵糊倒入18cm直徑的圓形模型中，放入170度的烤箱中烘烤30分鐘，烘烤好拿掉模型，放置在烤架上去除高熱。（參照P87 Trick-06 去除高熱之方法）

02 製作大理石 巴伐利亞奶凍

1.製作安格拉醬。把牛奶以感應加熱烹調電爐的火力【強】加熱到快煮沸前。

2.把蛋黃和白砂糖放入缽內，以擦底輕輕混合，然後注入1中移到鍋內，以火力【中】加熱為避免煮焦要用耐熱橡皮刮刀擦底混合，並維持在82～85度不要煮沸，等醬汁變成稠狀後熄火，再加入泡軟溶解之板狀明膠。（參照P88 Trick-13 砂糖和蛋和牛奶的加熱之要訣）（參照P90 Trick-33 雞蛋的殺菌法）（參照P88 Trick-19 明膠之溶解法）

3.把切碎的白巧克力加入一部分的2中，以打蛋器混合，等全體混合好再加入剩下的2，混合到濃稠後擠壓過濾，之後隔冰水迅速冷卻。（參照P87 Trick-06 去除高熱之方法）

4.在隔冰水冷卻的3中，加入打發6分起泡的鮮奶油。

5.在殺菌蛋白內慢慢加入白砂糖，打發氣泡到可豎立成菱角狀。

6.在4中加入5輕輕混合。

7.把濃甜巧克力隔熱水溶解，由上面淋上以火力【強】煮到快沸騰前加熱之牛奶，用打蛋器混合到乳化變成濃稠狀。（參照P86 Trick-01 使水份和油份乳化）

8.在6中加入7，不要混合。由於不混合，所以白巧克力和黑巧克力對比鮮明，連味道也產生強、弱的大理石般的巴伐利亞奶凍。

9.在作業台上鋪保鮮膜，擺放中空模型，在底部鋪上切成18cm直徑1.5cm厚的巧克力海綿蛋糕（參照P87 Trick-08 蛋糕體要切片時），由上面倒入約半量的大理石巴伐利亞奶凍麵糊，在上面擺放以15cm直徑的模型壓取出1.2cm厚的巧克力海綿蛋糕，再倒入剩下半量的大理石巴伐利亞奶凍麵糊到滿為止，最後放入冰箱冷卻2小時。

03 製作可可可麗餅

1.把高筋麵粉和低筋麵粉、白砂糖過篩。（參照P86 Trick-03 粉類的過篩法）

2.在1中慢慢加入牛奶溶解混合，混合要均勻避免產生結塊，再加入蛋一起混合。

3.用牛奶溶解可可粉，加入2中擠壓過濾，如果網目上殘存結塊時避免用刮刀壓擠。

4.把平底鍋（鐵製者最佳）以火力【強】加熱並注入多量的油。

5.把加熱的油移到另一容器中，再度由上面注入常溫的新油，使平底鍋的表面形成薄膜後，以廚房用紙擦拭掉多餘的油。

6.用湯匙舀起可麗餅麵糊倒入平底鍋內，把麵糊攤平到邊緣，等發出「咻」很舒暢之聲音而麵糊均勻擴散時，這表示平底鍋的溫度是適溫的。

7.把麵糊翻面煎到表面有漂亮的焦色和圓形斑點即可。（參照P90 Trick-30 烘烤出美麗的可麗餅）但背面不要有焦色，趁著還有濕軟感時，在金屬軟墊上翻動平底鍋使可麗餅掉落而放涼。

04 完成裝飾

1.把【02】的大理石巴伐利亞奶凍從冰箱中取出，放在溫水中拿掉模型，在上面擠出打發8分起泡的香提奶油凍，周圍用可麗餅包起，最後撒上飾用糖粉即完成。

Magic

魔術蛋糕

這是在電視冠軍的巴黎決賽中，備受傑拉諾·米洛先生肯定是令人懷念的甜點。
雖然盡情地使用酸奶油、巧克力、糖漬水果等法國人所偏好的濃厚風味之素材，
但另一方面卻又能表現出典雅、溫馨的「日式」風格之魔術蛋糕。

■材料【7cm×7cm×4cm的金字塔模型12個份】

杏仁餅乾

(a)杏仁粉	47g
糖粉	47g
全蛋	104g（約1又3/4個份）
蛋黃	30g（約1又1/2個份）
蛋白	47g（約1又1/4個份）
白砂糖	24g
低筋麵粉	38g
無鹽奶油	38g
牛奶	17g

巧克力千層餅

千層餅	60g
牛奶巧克力	55g
（巴羅那公司「吉巴納屈達」）	
烤杏仁泥	30g
（巴羅那公司「芙那利尼阿瑪托60：40」）	

庫立醬

草莓泥（瑪拉波蒂亞）	48g
白砂糖	5g
板狀明膠	0.7g（約1/3片）

阿瑪蕾托克林姆

鮮奶油35%	26g
牛奶	46g
香草豆莢	1/26支
蛋黃	17g（約1個份）
白砂糖	20g
玉米粉	3g
鮮奶油35%	26g
阿瑪蕾托（酒）	3g
板狀明膠	1g（約1/2片）

酸奶油克林姆

酸奶油	58g
鮮奶油35%	10g
白砂糖	4g
板狀明膠	0.5g（約1/4支）

杏仁蜜餞巴伐利亞奶凍

(b)牛奶	130g
鮮奶油35%	130g
蛋黃	42g（約2個份）
白砂糖	26g
板狀明膠	5g（約2又1/2支）
烤杏仁泥	93g
（巴羅那公司「芙那利尼阿瑪托60：40」）	
牛奶巧克力	32g
（巴羅那公司「吉巴納屈達」）	
鮮奶油35%打發6分起泡	186g

賓治（糖醬）

30玻美度糖漿（參照P91）	6g
水	6g
阿瑪雷托	10g

牛奶巧克力鮮奶油

鮮奶油42%	40g
牛奶巧克力	40g
（巴羅那公司「吉巴納屈達」）	

薄餅（6cm直徑25片份）

無鹽奶油	15g
水	10g
精緻白糖	50g
低筋麵粉	25g
杏仁碎片	15g

完成裝飾

綠薄荷	12片
裝飾用巧克力	12支
醋栗亮光膠（參照P7～9）	適量
草莓	12個
杏仁蜜餞	12個
（參照P39～41榛果蜜餞用榛果代替杏仁亦可）	

01 製作杏仁蛋糕體

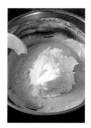

1.將（a）的材料放入缽內，打發到白色鬆軟起泡，【比重】40～44g。（參照P86 Trick-02 測量麵糰之比重）

2.在蛋白中慢慢加入白砂糖作成蛋白糖霜，加入半量的1一起混合。（參照P87 Trick-12 蛋白糖霜之打發法）

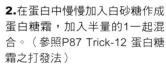

3.在2中加入過篩的低筋麵粉，以木刮刀輕輕混合，加入剩下半量的蛋白糖霜，再加入以火力【強】煮到快沸騰前之加熱的牛奶和溶解的奶油一起混合。【比重】40～44g。

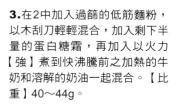

4.把麵糊倒入鋪有烤紙的烤盤約1cm的深度，放入190度的烤箱中烘烤10分鐘，烘烤好放在網架上去除高熱。（參照P87 Trick-06 去除高熱之方法）

5.製作巧克力千層餅。在以火力【小】加溫的缽內隔熱水溶解牛奶巧克力，然後和千層餅麵糊混合。

6.將30玻美度糖漿和阿瑪蕾托混合作成賓治。

7.在4的部分塗上6的賓治，再塗上5，然後切成7cm方塊12片。＜A＞

02 製作庫立醬

1.把草莓泥和白砂糖以火力【中】煮到沸騰後熄火。

2.放入泡軟的板狀明膠，隔冰水放涼（參照P88 Trick-19 明膠之溶解法）（參照P87 Trick-06 去除高熱之方法）

3.倒入3cm直徑的圓型模約5mm深度，放入冰箱冷卻凝固。

03 製作阿瑪蕾托克林姆

1.在鍋內放鮮奶油、牛奶和香草豆莢，以火力【強】加熱到快沸騰前，覆蓋上保鮮膜悶5分鐘（參照P88 Trick-15 增添蛋糕體之香味）。

2.把蛋黃、白砂糖和玉米粉用打蛋器以擦底混合，再加入1混合。（參照P88 Trick-13 砂糖和蛋和牛奶的加熱之要訣）

3.將2用耐熱橡皮刮刀混合，以火力【強】加熱到沸騰後離火，加入泡軟的板狀明膠溶解並擠壓過濾。

4.邊加入阿瑪蕾托，邊隔冰水冷卻混合後，再加入打發7分起泡的鮮奶油一起混合。

5.擠出約3cm直徑5mm厚的圓形，放入冰箱冷卻凝固。＜B＞

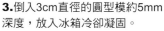

04 製作酸奶油克林姆

1.混合酸奶油和白砂糖。

2.把鮮奶油以火力【強】加熱到快沸騰前離火，加入泡軟的板狀明膠，再加入1以打蛋器混合。

3.把2擠在冷卻凝固的【02】的庫立醬上面。

4.把【01】剩下的杏仁蛋糕體用3cm直徑的圓形模壓取後，在3上面塗上賓治，再次放入冰箱冷卻凝固。＜C＞

05 製作杏仁蜜餞巴伐利亞奶凍

1.用（b）的材料製作安格拉醬（參照P60-02）

2.當1離火後，加入泡軟的板狀明膠溶解。

3.將裝有烤杏仁泥和牛奶巧克力放入缽中，以火力【中】隔水加熱，邊加入擠壓過濾的2，以打蛋器混合使其乳化，然後再用過濾器擠壓過濾。

4.把3隔冰水放涼，加入打發6分起泡的鮮奶油混合。

06 完成裝飾

1.在金字塔模型內倒入一些【05】的杏仁蜜餞巴伐利亞奶凍，再盛上冷卻凝固的＜C＞再倒入一些杏仁蜜餞巴伐利亞奶凍。在上面放入＜B＞再倒入杏仁蜜餞巴伐利亞奶凍到離模型邊緣下1cm處，最後將＜A＞的千層餅面朝向內側由上面蓋上。放入冰箱冷卻3～4小時凝固後，要吃前1小時才從冰箱取出。

2.製作薄餅。把擺放在室溫下軟化的奶油和白砂糖以擦底混合，加入份量的熱水。

3.在2中加入低筋麵粉和杏仁碎片混合，然後擠出於鋪有烤紙的烤盤上，以8cm左右之間隔擠出3cm大小，放入180度的烤箱中烘烤10分鐘後，去除高熱。

4.製作牛奶巧克力鮮奶油。把鮮奶油以火力【中】煮沸，慢慢分數次加入切碎的巧克力，混合到產生乳化。混合均勻後去除高熱。

5.在1的上面滴落4，以3和草莓、醋栗亮光膠、綠薄荷、巧克力、杏仁蜜餞裝飾即完成。

剖面圖→

Chocolate
～巧克力～

優質的庫貝爾巧克力是可以直接品嘗其味道，至於個性強的巧克力是混入麵糰使用的類型。

　　巧克力是我最喜好的素材之一，對於喜歡製作糕點的忠實者而言，像我這種巧克力狂迷者想必不在少數。因此在『巧克力的Trick』的這章中，也會出現各種類的巧克力，同時還要在此介紹有關巧克力之使用技術。

●因巧克力的風味不同其作法也各異
比利時產和瑞士產的庫貝爾巧克力，即是「直接吃也是非常美味的巧克力」，若想品嘗完成後之風味，因此作為裝飾之用或塗抹之用或塊菰之用。至於法國產、委內瑞拉產的酸味和苦味較強的濃甜巧克力是可混入慕斯或海綿蛋糕的麵糰中來使用，還可把其個性加以淡化而表現出來。此外具有滑潤口感的牛奶巧克力多半混合鮮奶油作成的巧克力鮮奶油和巴伐利亞奶凍等。白巧克力大多是當作隱味來使用的，例如大理石巧克力在巴伐利亞奶凍內隱藏白巧克力，而完成了令人好奇「這到底是什麼味道？」的巧妙風味出來。但另一方面也常會使用完全不同種類的巧克力而加以混合之技術。例如在這次的食譜中所出現的蒸烤巧克力中，將比利時產的庫貝爾巧克力和委內瑞拉產的濃甜巧克力以50：50之比例把具有柔美風味之庫貝爾巧克力和較強烈個性的濃甜巧克力之個性都加以突顯出來。

●巧克力加上某種素材的Trick（秘訣）
巧克力只是和堅果類和水果類、利口酒等加以組合就可變化多端而趣味無窮。例如在es-巧克力中是以牛奶巧克力中使用一些榛果當作隱味來突顯榛果的芳香味。此外在魔術蛋糕中的杏仁蛋糕體上塗抹具有杏仁風味之牛奶巧克力的千層餅麵糊，由於和堅果類搭配使其味道更具有深度。

FROMAGE
TRICK

第五章　乳酪的Trick（秘訣）

5

es-fromage
es-乳酪

混合2種乳酪和酸奶油作成這種作法簡單的半熟乳酪蛋糕，它是完全不使用明膠只依靠乳酪之凝固力來凝固。
至於甘甜的杏子亮光膠是使風味產生順暢的節奏感，而純白的香提奶油凍則是賦予了柔美精緻之表情。

■材料【33cm×7.8cm×5cm 2條份】

乳酪克林姆	完成裝飾
羅列夫奶油乳酪..........470g	【杏子亮光膠 2條份】
白砂糖........................95g	杏仁泥...........................160g
KIRI奶油乳酪.............180g	白砂糖............................32g
酸奶油.........................35g	板狀明膠...................3g（約1又1/2片）
牛奶............................60g	
鮮奶油42%.................740g	塔皮麵糰（33cm×7.8cm）（參照P39、40）..............2片
	杏仁蛋糕體（33cm×5.5cm）（參照P36、64）...........2片
	香提奶油凍（參照P7、8）......................................180g

1. 製作杏子亮光膠。把杏子泥和白砂糖以擦底混合後，加入泡軟的板狀明膠，以40度熱水隔水加熱溶解後，放入冰箱冷卻凝固。

2. 把冷卻的1擠在切成33cm×7.8cm的杏仁蛋糕體的中心。

6. 將5攤平弄散在素烤的塔皮上，上面放2，放入長方形模型中，將5擠出於模型中到滿為止，放入冰箱冷卻凝固約3小時。

3. 將羅列夫奶油乳酪以木刮刀切碎，到適當軟化程度時加入白砂糖混合。

4. 在3中加入KIRI奶油乳酪混合，再加入酸奶油混合。

5. 在4中慢慢加入牛奶混合，再加入鮮奶油混合。

Trick

7. 把模型迅速泡熱水，取出蛋糕，由上面倒入打發5分起泡之香提奶油凍即完成。（還可將打發6〜7分起泡之香提奶油凍用湯匙輕輕舀起盛在上面作最後之裝飾，參照P68）（參照P87 Trick-10 塗抹克林姆時更加美觀）

New York Cheese Cake
起士蛋糕

大量使用含有鮮奶油之濃厚風味的KIRI奶油乳酪
而作成具有紐約風格的乳香味濃醇的乳酪蛋糕。
在加入稍微打發起泡之蛋白糖霜的麵糊，重點在於其『比重』。
經過烤箱的蒸烤後，品嘗其細緻滑潤之口感。

■材料【15cm直徑的圓形模型2個份】

無鹽奶油..64g
牛奶..220g
KIRI奶油乳酪....................................315g
蛋黃...92g（約4又2/3個份）
白砂糖..46g
玉米粉..16g
蛋白...68g（約1又3/4個份）
白砂糖..45g

完成裝飾

海綿蛋糕（15cm直徑的圓形）（參照
P7、8）......................................1cm厚2片

【醃漬藍姆酒的葡萄乾28粒】
葡萄乾..100g
白砂糖..20g
藍姆酒..20g

飾用糖粉...少量

1. 把奶油乳酪放入缽內，在室溫下軟化。

2. 製作醃漬藍姆酒的葡萄乾。把洗淨之葡萄乾放入耐熱容器中，覆蓋上保鮮膜放入微波爐加熱40秒，趁熱混合白砂糖，然後浸泡在可蓋滿之藍姆酒中約1小時。

3. 將奶油和牛奶以火力【強】加熱到快煮沸前離火。（參照P88 Trick-13 砂糖和蛋和牛奶的加熱之要訣）

4. 把蛋黃和白砂糖擦底混合，加入玉米粉擦底混合再加入3中。

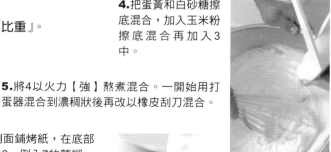

5. 將4以火力【強】熬煮混合。一開始用打蛋器混合到濃稠狀後再改以橡皮刮刀混合。

6. 把1的奶油乳酪加入5中，混合均勻。

7. 在蛋白中慢慢加入白砂糖打發到6分起泡作成蛋白糖霜，加入6中混合到以橡皮刮刀慢慢垂落之程度。【比重】65～69g（參照P86 Trick-02 測量麵糊之比重）

8. 在模型的底部和側面鋪烤紙，在底部鋪上海綿蛋糕，撒上2，倒入7的麵糊。

9. 擺放在倒入溫水之烤盤內，放入160度的烤箱中隔水蒸烤40分鐘，烤好連同模型放在室溫冷卻，去除高熱。（參照P87 Trick-06 去除高熱之方法）

10. 去除熱度後，放入冰箱冷卻，冷卻後拿掉模型，撒上飾用糖粉即完成。

Square Torte with Mascarpone & Blueberry
草莓乳酪方塊蛋糕

具有濃厚奶油風味的多奶油海綿蛋糕的比重要測量正確。
只要遵守此一原則，必可產生出和海綿蛋糕完全不同之特殊風格出來。
在最上面盛著帶有乳香味的瑪斯卡波涅乳酪慕斯，
再加上具有酸味的黑醋栗醬作為其風味之重點。

草莓乳酪方塊蛋糕

■材料【7.5cm×5cm8個份】

多奶油海綿蛋糕（奶油份量多的海綿蛋糕）

全蛋	100g（約1又2/3個）
蛋黃	50g（約2又1/2個）
白砂糖	80g
低筋麵粉	55g
無鹽奶油	28g

黑醋栗醬汁

亮光膠	20g
糖稀	10g
黑醋栗泥	20g

瑪斯卡波涅乳酪慕斯

蛋黃	30g（約1又1/2個）
白砂糖	25g
水	10g
板狀明膠	2g（約1片份）
瑪斯卡波涅乳酪	100g
鮮奶油42%	110g

完成裝飾

香提奶油凍（參照P7、8）	24g
藍莓	24粒
綠薄荷	8片

01

製作多奶油海綿蛋糕

1.把奶油以感應加熱烹調電爐的火力【弱】隔水加熱溶解。

2.把蛋和白砂糖用耐熱橡皮刮刀混合，以火力【弱】隔水加熱並維持在40度，以含入空氣之方式來混合，直到麵糊變細緻又均勻濃稠即可。【比重】22～26g（參照P86 Trick-02 測量麵糰之比重）

Trick

3.把過篩的低筋麵粉（參照P86 Trick-03 粉類的過篩法）慢慢加入，以木刮刀混合，再加入1的奶油混合。【比重】48～52g。因有大量奶油，為避免麵糊之泡沫消失要輕輕混合為宜。（參照P86 Trick-01 使水份和油份乳化）

4.把麵糊倒入鋪有捲紙之烤盤內（參照P86 Trick-04 把麵糰倒入模型），放入180度的烤箱中烘烤15分鐘，烘烤好從模型中取出，使側面的烤紙拉開，但要避免在冷卻前即拉開表面。（參照P87 Trick-06 去除高熱之方法）

02 製作瑪斯卡波涅慕斯

1. 以打蛋器把蛋黃殺菌。把白砂糖和水放入鍋內，以火力【中】煮到用湯匙舀起會拉絲而垂落之狀態。

2. 把打散的蛋黃加入1中混合打發起泡，以感應加熱烹調電爐的火力【弱】隔水加熱再度加熱到80度。（參照Ｐ９０ Trick-33 雞蛋的殺菌法）

Trick

4. 把剩下的瑪斯卡波涅乳酪慢慢加入3中，全體混合均勻避免產生結塊。

5. 把4倒入2中混合。

3. 把板狀明膠以火力【弱】隔水加熱到約40度溶解，加入少量的瑪斯卡波涅乳酪混合。（參照P88 Trick-19 明膠之溶解法）

6. 在5中加入打發6分起泡的鮮奶油，輕輕混合。把缽輕敲桌面整理表面，放入冰箱冷卻凝固約2小時。

03 製作黑醋栗醬

1. 把亮光膠和糖稀攪拌均勻以火力【中】加熱。

2. 加入黑醋栗泥煮到沸騰後熄火。

04 完成裝飾

1. 準備打發7分起泡之香提奶油凍。

2. 把多奶油海綿蛋糕切成3等份，在第1片塗上1，上面放第2片再塗上1，最後放上第3片作成夾心蛋糕。

3. 將蛋糕的末端切掉整理形狀，用湯匙舀起瑪斯卡波涅乳酪慕斯盛在上面，然後淋上黑醋栗醬，以藍莓裝飾。（參照P87 Trick-10 塗抹克林姆時更加美觀）

4. 擠出香提奶油凍，以綠薄荷裝飾即完成。

Pudding Tarte of Strawberry

草莓布丁塔

此一甜點既非布丁也不是乳酪蛋糕，
卻是我最喜歡之甜點之一。
乍看之下和多量的草莓甜美之表情不太搭配，
但意外地乳酪混合奶糊和水果酸味交融
在一起的濃厚風味和派皮的香脆口感令人訝異，
不妨品嚐看看。

■材料【20cm直徑的圓形1個份】

乳酪混合奶糊

低筋麵粉.....................12g	冷凍草莓.........................190g
白砂糖.........................96g	覆盆子.............................30g
KIRI奶油乳酪..................180g	海綿蛋糕.............................1片
全蛋...............144g（約2又1/3個）	（18cm直徑的圓形·1cm厚）（參照P7、8）
鮮奶油38%.....................360g	

完成裝飾

千層派（20cm直徑的圓形）（參照P26、27）.................1片
糖粉...適量
海綿蛋糕（18cm直徑的圓形·1cm厚）（參照P7、8）...1片
香提奶油凍..約50g
亮光膠...適量
飾用糖粉...適量

01 製作乳酪混合奶糊

1. 把低筋麵粉和白砂糖混合。

2. 把奶油乳酪在室溫下隔水加熱溶解。

3. 把1和2混合到濃稠均勻。

4. 在3中加入全蛋,以打蛋器混合,加入沒有打發起泡之鮮奶油,混合後放入冰箱放置1晚。

02

蒸烤草莓布丁

1. 把海綿蛋糕鋪在圓形模的底部,在上面倒入乳酪混合奶糊,使其滲入,之後倒入奶糊時海綿蛋糕才會浮起。

2. 在1的上面排放冷凍草莓和覆盆子,再倒入乳酪混合奶糊,放入160度的烤箱中隔水蒸烤50分鐘後,連同模子放涼去除高熱。(參照P87 Trick-06 去除高熱之方法)

3. 冷卻後,直接放入冰箱冷卻凝固。

03

完成裝飾

1. 把千層派麵糊倒入塔模中素烤後,放在網架上去除高熱。(參照P89 Trick-25 派皮和塔皮之烘烤法)

2. 在1的中間全體均勻撒上糖粉,放入200度烤箱中再次烘烤10分鐘使其焦糖化。

3. 等2去除高熱後,在上面擠出漩渦狀的香提奶油凍,再放上海綿蛋糕,再次擠出香提奶油凍。

5. 最後塗抹上亮光膠,撒上飾用糖粉即完成。

4. 擺放冷凍草莓,把模子泡在溫水數秒後拿掉模子,把3覆蓋在海綿蛋糕的上面,然後上下翻面,如此草莓的布丁會在上方。

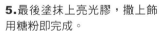

Flour & Sugar
～各種的粉類和砂糖～

粉類是給予麵糰（麵糊）之口感和麩質化，砂糖則是以甜度之形象和完成之口感為其基準。

製作糕點的基本是粉類和砂糖，但其實這2種素材有各種不同之種類，必須加以區分使用。在此僅就小山糕點店內實際上所使用之粉類和砂糖來加以說明。

■麵粉

在麵粉中會產生各種的麩質之發生量各不相同，也就是說因使用的麵粉種類不同，所製作出之麵糰（麵糊）的韌性強度也各異，因此想要做成或鬆軟、或香脆、或細緻或濃醇之糕點，因其特性而選擇麵粉之種類。

低筋麵粉（特寶笠一品牌名）＜麩質力・弱＞…可作成海綿蛋糕、多奶油海綿蛋糕等以鬆軟口感為重點之麵糰。

低筋麵粉「超級巴依歐雷托」＜麩質力・中＞…可作巴迪西克林姆等，由於會使粉類和蛋強力黏結，因此適合需要中等程度之麩質力的糕點所使用。

弱高筋麵粉「春豐一品牌名」＜麩質力・稍強＞…為突顯出派或塔麵糰之香脆口感而使用比高筋麵粉的麩質力稍弱的弱高筋麵粉。

高筋麵粉「克曼利亞一品牌名」＜麩質力・強＞…如泡芙麵糰、戚風麵糰等想要呈現出黏稠感或彈性Q之麵糰時所使用。

■砂糖

砂糖不僅可控制甜度同時還可影響口感，它可以是滑潤順口之口感、或沙沙粗糙之口感、或是細緻又柔嫩之口感不一而足，依靠其差異性產生想要之甜度的變化。

微粒白砂糖…粒子細小，會自然融入麵糰中，因此適合一切之糕點的製作。

甜菜白砂糖…粒子粗，經過烘烤焦糖化後會產生沙沙輕脆感。適合派和法國小甜餅等。還具有保持品質之功能。

精緻白糖…可作重視細緻感之鬆糕等的麵糰之用。

蔗糖…要展現溫馨樸素之風味和甘甜味時所使用，如小山布丁。

粗蔗糖…即法國的紅糖。可增加麵糰之香醇，如烤餅。

蜂蜜…為展現細緻口感和香醇之甘甜度時所使用，如小山蛋糕捲、海綿蛋糕麵糰。

CONFISERIE
TRICK

第六章 果醬的Trick（秘訣）

6

Confiture 果醬

Macaron 蛋白杏仁甜餅

1.藍莓（myrtille）
2.葡萄柚和小荳蔻
3.奇異果　4.草莓（fraise）

Confiture

果醬

如果素材太甜的話可添加帶有酸味之素材看看。
因為果實的顏色很美麗，因此先講究外觀…，
把像如此好玩之心態具體呈現出來就是製作果醬的樂趣。
由於是把果實和果汁分開來熬煮，所以可維持水果新鮮美味之口感。

草莓（fraise）

■材料【1瓶160g/6瓶份】

草莓......................................750g
白砂糖..................................195g
三溫糖..................................150g
海藻糖..................................115g

果膠...3g
白砂糖....................................30g

檸檬果汁................................20g

※將草莓的果實浸泡在混合了白砂糖、海藻糖、三溫糖中2小時後依序從4～11之步驟煮熬。

奇異果

■材料【1瓶160g/6瓶份】

奇異果..................................750g
白砂糖..................................320g
海藻糖..................................100g

果膠...3g
白砂糖....................................30g

檸檬果汁................................30g
肉桂棒.................................1/4條

※把去皮切碎的奇異果浸泡在白砂糖、海藻糖中2小時後依序從4～11之步驟煮熬。

藍莓（myrtille）

■材料【1瓶160g/6瓶份】

藍莓......................................750g
白砂糖..................................320g
海藻糖..................................100g

果膠...3g
白砂糖....................................30g

檸檬果汁................................30g

※把藍莓的果實浸泡在白砂糖、海藻糖中2小時後依序從4～11之步驟煮熬。

覆盆子（樹莓）

■材料【1瓶160g/6瓶份】

覆盆子..................................500g
覆盆子泥..............................250g
白砂糖..................................215g
三溫糖..................................150g
海藻糖..................................100g

檸檬果汁................................12g

※將覆盆子的果實浸泡在混合了白砂糖、海藻糖、三溫糖中2小時後依序從4～11之步驟煮熬。（因覆盆子的種子內含有果膠質，所以不須再加入果膠）

食用大黃（rhubarb）

■材料【1瓶160g/6瓶份】

食用大黃..............................750g
白砂糖..................................350g
三溫糖..................................100g
海藻糖..................................100g

檸檬果汁................................30g

※將食用大黃浸泡在混合了白砂糖、海藻糖、三溫糖中2小時後依序從4～11之步驟煮熬（因其纖維質很多而不再加果膠），但容易煮焦須注意。

薔薇花托（Rose hip）

■材料【1瓶160g/6瓶份】

薔薇花托泥..........................750g
白砂糖..................................350g
海藻糖..................................100g

檸檬果汁................................30g

※把材料全部放入鍋內煮熬，依序從8～11之步驟完成（因薔薇花托本身濃度很高而不須再加果膠）。

5.覆盆子（樹莓）
6.薔薇花托（Rose hip）
7.食用大黃

葡萄柚和小荳蔻

■材料【1瓶160g/6瓶份】

葡萄柚	750g（約4個份）
葡萄柚的皮	1個份
海藻糖	300g
白砂糖	125g
果膠	5g
白砂糖	50g
檸檬果汁	25g
小荳蔻	6粒

※也可混合好幾種水果作成果醬，詳細作法請參照P90 Trick-32 混合煮糖水果之要訣。

1. 把葡萄柚剝皮後切絲。

2. 把切絲的皮放入沸騰的熱水中煮，將附著於皮上的臘和農藥等去除掉，約5分鐘後撈起放在濾盆中。

3. 把果肉連同瓣一起切離放入缽中，把果肉浸泡在去掉果肉的皮所榨出之果汁加白砂糖和海藻糖中2小時。

4. 把3移到鍋內，以火力【強】加熱煮沸後去除浮沫，覆蓋上保鮮膜放置1天。

5. 將4擠壓過濾移到另一鍋中，把果肉和煮汁分開。

Trick

6. 將煮汁部分用火力【強】加熱煮熬（參照P90 Trick-31 煮糖水果之要訣），到煮汁的溫度為50度時，邊以打蛋器混合邊加入預先混合好的果膠和白砂糖（50g）一起攪拌均勻。

7. 放入2的皮，以火力【強】再次煮熬，產生浮沫時轉為弱火去除浮沫。

8. 以糖度計測量為62%、溫度計為104度時，放回5的果實。如果果肉有滲出果汁出來時也一並加入，再加入小荳蔻和檸檬果汁一起混合，再次煮沸後才熄火。

9. 把8裝滿到經過熱水殺菌洗淨之瓶內，然後密封蓋住。

10. 由於要使瓶中成為真空狀態，把瓶子以倒放方式放入鍋內，浸泡在以火力【弱】煮沸之熱水中，隔水加熱30分鐘。

11. 把10的瓶子以倒放狀態放在網架上放置半天。

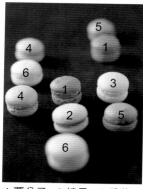

Macaron

蛋白杏仁甜餅

在品嘗香脆口感和濃稠之味覺中，其內部所隱藏的奶油克林姆
之風味和香味會擴散於口中的法國可愛的傳統甜點。
將各種果醬作成夾心可增甜其美味，
不妨以喜遊之心盡情享受其樂趣吧。

1.覆盆子　2.榛果　3.香草
4.咖啡　5.巧克力　6.檸檬

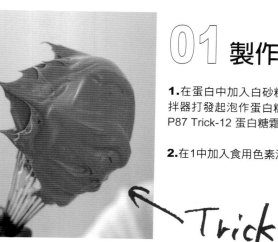

01 製作麵糊

1. 在蛋白中加入白砂糖，以手提攪
拌器打發起泡作蛋白糖霜。（參照
P87 Trick-12 蛋白糖霜之打發法）

2. 在1中加入食用色素混合。

Trick

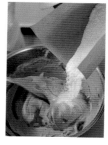

3. 混合杏仁粉和糖霜加入2中，混
合到抬起木刮刀，其豎起之菱角約
1分鐘才消失之程度。

4. 把3裝入擠袋，擠
出10元硬幣大小，
在150度的烤箱中烘
烤10分鐘。

02 製作克林姆

1. 在鍋內放入份量的水、香草豆莢、白砂糖、糖稀，以火力
【中】加熱到118度。

2. 把1注入混合蛋黃和全蛋的缽中，作成起泡奶油。（參照
P90 Trick-33 雞蛋的殺菌法）

3. 把2以火力【強】隔熱水加熱
到82度後離火，用手提攪拌器打
發起泡。

4. 在3中加入放在室溫軟化的奶
油一起混合。

5. 在4中加入覆盆子泥和覆盆子
水果酒、檸檬果汁一起混合。

03 完成裝飾

1. 把烘烤好的甜餅排好，在
一半量上擠出克林姆，在另
一半量上擠出覆盆子果醬。

2. 把擠出克林姆和擠出覆盆
子果醬之甜餅相疊在一起作
成夾心。

覆盆子

■材料【25個份】

麵糊（50個份）

蛋白..........................70g（約1又3/4個）
白砂糖................................50g
食用色素（紅）........................適量
杏仁粉................................70g
糖霜..................................90g

傳統歐布克林姆

蛋黃..........................10g（約1/2個）
全蛋..........................30g（約1/2個）
水....................................13g
香草豆莢............................1/8支
白砂糖................................62g
糖稀...................................6g
無鹽奶油.............................125g

克林姆

傳統歐布克林姆........................40g
覆盆子泥...............................9g
覆盆子水果酒（利口酒）.................1g
檸檬果汁...............................1g

完成裝飾

覆盆子果醬（參照P80）...............適量

榛果

■材料【25個份】

麵糊（50個份）

蛋白..........................70g（約1又3/4個）
白砂糖................................50g
榛果粉................................35g
杏仁粉................................35
糖霜..................................90g

巧克力鮮奶油

牛奶巧克力............................30g
（卡卡歐巴里公司「拉庫鐵」）
榛果泥（卡卡歐巴里公司「榛果泥」）....6g
鮮奶油42%.............................15g
奶油...................................2g

香草

■材料【25個份】

麵糊（50個份）

蛋白..........................70g（約1又3/4個）
白砂糖................................50g
杏仁粉................................70g
糖霜..................................90g
香草豆莢...........................1/10支

克林姆

傳統歐布克林姆........................50g
香草豆莢...........................1/10支

咖啡

■材料【25個份】

麵糊（50個份）

蛋白..........................70g（約1又3/4個）
白砂糖................................50g
杏仁粉................................70g
咖啡細粉...............................5g
糖霜..................................90g
咖啡萃取液.............................1g

克林姆

傳統歐布克林姆........................50g
咖啡萃取液.............................2g
食用色素（黃）........................適量

巧克力

■材料【25個份】

麵糊（50個份）

蛋白..........................70g（約1又3/4個）
白砂糖................................50g
杏仁粉................................70g
糖霜..................................90g
可可粉.................................9g

巧克力鮮奶油

濃甜巧克力............................30g
（Lay公司「阿帕馬鐵」）
多利摩林膏狀糖（轉化糖）..............2g
鮮奶油42%.............................20g
無鹽奶油...............................2g

檸檬

■材料【25個份】

麵糊（50個份）

蛋白..........................70g（約1又3/4個）
白砂糖................................50g
食用色素（黃）........................適量
杏仁粉................................70g
糖霜..................................90g

克林姆

傳統歐布克林姆........................50g
檸檬果汁...............................8g
食用色素（黃）........................適量

Guimauve

奇摩芙

誕生於南法國的水果軟糖「奇摩芙」，曾在巴黎蔚為風潮。
同時也是在蛋糕的頂飾上使用可愛造型的傳統甜點。
它並沒有使用蛋白糖霜，只使用砂糖和果汁作成，
因此可盡情享受果實風味為其特徵。
在攪拌砂糖到溶化時需要加些力量，此外還須注意溫度和起泡之程度，
就可簡單地製作出來也是其魅力之一。

百香果

■材料【60個份】

奇摩芙

白砂糖..300g
百香果泥..200g
多利摩林膏狀糖（轉糖）.....100g
※加熱之溫度以109度為上限。

轉化糖..125g
板狀明膠..................19g（約9又1/2片）

裝飾用粉類

糖粉..200g
玉米粉..100g

醋栗

材料【60個份】

奇摩芙

白砂糖..288g
醋栗泥..180g
多利摩林膏狀糖（轉糖）.........100g
水..20g
※加熱之溫度以105度為上限。

轉化糖..125g
板狀明膠........................14g（約7片）

裝飾用粉類

糖粉..200g
玉米粉..100g

覆盆子

材料【60個份】

奇摩芙

白砂糖..300g
覆盆子泥..200g
多利摩林膏狀糖（轉糖）.........100g
※加熱之溫度以105度為上限。

轉化糖..125g
板狀明膠..................15g（約7又1/2片）

裝飾用粉類

糖粉..200g
玉米粉..100g

1.把百香果泥放入鍋內去煮，加入多利摩林膏狀糖（轉化糖）100g和白砂糖以火力【強】加熱到109度為止。

2.將泡軟的板狀明膠和多利摩林膏狀糖（轉化糖）125g放入缽內再倒入1中。

3.以手提攪拌器攪拌到含入空氣而變成膨鬆狀之起泡。（參照P90 Trick-34 奇摩芙棉花糖之起泡法）

Trick

4.裝入擠花袋中擠出3cm直徑大小，放置1天乾燥。

5.在4上面撒上以濾茶網過濾混合的糖粉和玉米粉即完成。

TRICK 之解說

詳細說明在食譜中出現之Trick（要訣）！
請邊對照Trick之號碼，
邊掌握可使糕點製作獲得成功之啓示。

Trick-01 使水份和油份產生乳化

●成功製作麵糰之重點在於「乳化」

包括海綿蛋糕等一切的麵糰之製作，將各種材料一起混合成完全均勻之狀態，才是成功的重點，但其中最大的問題是水份和油份不容易混合。把這種乍看之下不容易混合的兩種材料完全混合稱為「乳化」。如果麵糰產生乳化，顧名思義是產生克林姆狀的「濃稠」之狀態且馬上可看出來。將奶油、克林姆等的油脂和牛奶等含有水分混合時，要預先隔熱水加熱或直接用火煮加熱到55～90度。（不可煮沸！）例如在製作戚風蛋糕等的流程之前半段要加入油脂類時要加熱到55度之程度，至於海綿蛋糕等在最後階段加入時則要加熱到80度，若要製作巧克力鮮奶油時要加入鮮奶油實則須加熱到90度。

Trick-02 測量麵糰之比重

●測量比重是烘烤成為膨鬆柔軟之成品時的基本原則

要把麵糰烘烤成為膨鬆柔軟之重點是在麵糰中的空氣含量是否平衡。空氣含過多時會變成稀疏，空氣含太少時則變得很沉重。麵糰在打發起泡結束後要測量其比重，方法是在比重杯內（100cc的量杯）裝入一平杯之麵糰，而測量此杯之麵糰的重量即可（注意杯子的重量要扣除掉！）。若比食譜中的比重更重時要繼續打發起泡，如果比較輕的話則須抽出空氣。萬一不管如何操作所完成之麵糰均不符合食譜中之比重的話，還可依靠烘烤之溫度和時間來調整。太沉重時可採用稍低的溫度，以及稍微延長烘

烤之時間來調整，此外還可靠著模型之大小來加以調整。下面所舉例說明的可供作參考，例如蛋糕捲的輕量麵糰使用較高之溫度（190～200度）、海綿蛋糕的較有份量之麵糰以稍低之溫度（160～170度）來烘烤為其基本。至於使用較多油脂類其密度比海綿蛋糕較濃的奶油蛋糕類則為低溫（150～160度）慢慢烘烤，其餘則依靠自己的直覺和經驗多加嘗試。
※本書配合家用烤箱所設定之溫度比店內商品之食譜要降低10度。

Trick-03 粉類的過篩法

●粉類過篩有2種意義，以加入前才過篩為要。

粉類過篩的2種意義是將粉類中之結塊消除掉以及含入空氣。但若以過篩後而放置的話，容易含入濕氣，因此要在加入之前才過篩為要，同時別把粉類堆成山狀，必須攤平過篩，過篩後不要把鋪在下面的紙折起。一般而言粒子細的低筋麵粉最少要篩2次。

Trick-04 把麵糰倒入模型

●連麵糰的底部也烘烤成鬆軟之要訣

家庭用之烤箱因為烤爐內部狹小而火候強烈，底側容易烤成焦色，因此可放置2個烤盤，或把上、下層交換位置，又因為個別之烤箱均有其個性，有時會把溫度設定比食譜之溫度稍低一些或縮短時間，或調整火候也是成功的要訣。此外烤紙的鋪法也是重要的關鍵，在模型的側面鋪2張，底面鋪2、3張，如此會使傳熱之強度稍微降下來而不易烤焦。

●倒入麵糊之方法關係著成品之好壞

把麵糊倒入模型時，要使用橡皮刮刀完全刮乾淨才不會浪費，但最後殘存在模底的麵糊含入的空氣較少，比重比上面之麵糊稍重，若直接烘烤的話最後倒入之部分會較慢烤熟，說不定還會半熟或在中央隆起成山型，而不能烘烤均勻。因此把麵糊全部倒入模型內，最後用湯匙輕輕攪拌，使麵糊全部混合均勻。

此外要倒入方形模型時，在四角插入刮板好像切開般倒入麵糊，如此麵糊才會進入角落而烘烤成厚度均勻之成品。

Trick-05 給烘烤好之蛋糕撞擊

●鬆軟系列之麵糰在烘烤完後，把模型在桌面敲敲撞擊，維持其鬆軟感

像海綿蛋糕或小山蛋糕捲等會烘烤出「鬆軟感」之輕量的麵糰，在烘烤完後馬上以裝在模型內之狀態，抬高約20公分再向下撞擊桌面，依靠此一撞擊力道使蛋糕中之熱氣向外散發，而使蛋糕內部在瞬間冷卻。因此才能維持在烤箱中所烤成具有膨脹氣泡之狀態，而維持蛋糕之鬆軟感。否則其熱度會封閉在蛋糕內部，因受到水蒸氣之影響而損害到膨脹起來之氣泡。

Trick-06 去除高熱之方法

●去除烘烤好之蛋糕的高熱之方法

像海綿蛋糕、餅乾、烤餅等烘烤好要馬上拿掉模型，必須放置在烤架（烤網）上去除高熱，此時在烤架的4角用中空模型等墊高，如此連底面也能散熱而加快地去除高溫。此外如隔熱水鹽烤乳酪蛋糕和蒸烤巧克力等還有熱度時，其成品仍是軟軟不成形的，因此不要拿掉模型，連同模型在室溫下放涼。

●要冷卻冷品類的麵糊時

在製作布丁和巴伐利亞奶凍時，一般是採用在缽底隔冰水去除高熱的方法。在此時若不斷旋轉缽可縮短冷卻時

間，因為缽接觸冰水的部分只有一部分，所以只有部分之液體會冷卻而已，而利用遠心力可均勻地加以攪拌而達到冷卻之目的。至於缽可使用輕量且傳熱導性高之不鏽鋼製的缽最佳。要準備比常用之缽大一號之缽，就非常方便好用。

Trick-07 提高水果的風味

●使草莓更加美味之要訣

一般而言，東方水果和西方水果相比的話，東方水果的甜味比酸味較強是非常可口之風味。以日本產的草莓為例，若要作為裝飾蛋糕之夾心時其味道稍淡，在此時可利用利口酒和砂糖來醃漬以增添味道。或者配合水果之種類，例如草莓可選擇黑櫻桃酒或酒味君度橙皮酒或覆盆子水果蒸餾酒。至於香蕉可搭配藍姆酒等，選擇洋酒也是要訣之一。此外，覆盆子搭配同樣的覆盆子糖煮水果可使水果所具有之風味更加突顯出來。

Trick-08 蛋糕體要切片時

●要把海綿蛋糕體切成3片時要使用角材

海綿蛋糕的底部因為在烤箱內烘烤時接觸熱度較強而會變硬，因此要進行裝飾時要把底部切掉而以底側為上面來使用，因為克林姆的水份會直接接觸到蛋糕體而浸潤。如果要切成3片時，要在蛋糕體的兩端平行放置2支在家庭用品中心等有出售的1.5cm的鋼製角材，然後刀從角材上面滑動切片，如此可切成均一之高度出來。

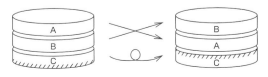

Trick-09 鮮奶油之高明打發起泡法

●克林姆之起泡程度是配合蛋糕之各部分而改變

要使質地細緻的克林姆更快打發起泡，或者要裝飾鬆餅上面時，如下記所說的配合塗抹之部分而改變打發起泡之細度是專家之作法。然而起泡鮮奶油的脂肪球一旦被破壞變硬，就無法恢復原狀，因此先把全體輕輕打發5分之程度，接著以部分別之使用份量來調整硬度而打發起泡，注意不要把全部之克林姆一次就打太硬。

◎夾心部分⋯7分起泡程度
◎表層（塗抹在表面）部分⋯6分起泡程度
◎頂飾部分⋯擠花／7分起泡程度／橄欖球型／7～8起泡程度／以湯匙輕輕滴下時／6分起泡程度
◎要和巴迪西克林姆混合時⋯將47%之高脂肪克林姆打發8分起泡程度

Trick-10 塗抹克林姆時更加美觀

●盡量要減少摩擦

使用抹刀塗抹克林姆時，要盡量減少抹刀在表面上滑動之次數以防止摩擦，因為摩擦過多克林姆會分離而奶油化，而喪失鮮美味。

●只用湯匙來裝飾之方法

如果每一次的頂飾均使用擠花袋擠出裝飾時，非常麻煩，因此可使用湯匙把克林姆舀成橄欖球狀而滴落，如此也可作成富有表情之裝飾。但在此時別忘記每一次要舀之前，湯匙要先放在熱水中溫熱，因為克林姆會適度地溶解而使其表面光滑，形成美麗之外觀。此一方法還可應用在要把慕絲或冰淇淋、冰沙等盛在盤上時使用。

Trick-11 給亮光膠增添香味

●在亮光膠內添加水果香味和輕微之風味

可使頂飾的水果塔增添光澤艷麗的是亮光膠，當然直接使用即可，但如果使用以煮了水果皮所作成之亮光用膏湯增添水果香味，可使水果香味更加突顯出來。至於要製作韃靼塔時使用混合了蘋果皮的亮光用膏湯作成之亮光膠來加以裝飾，剩下的亮光用膏湯可作成煮水果之用，或者混合於奶油中就能作成可展現出水果香味非常爽口的克林姆。

Trick-12 蛋白糖霜之打發法

●在蛋白中加入砂糖之時機為最重要

要製作柔軟膨鬆之蛋糕體的關鍵在於要打發成為結實之蛋白糖霜，然而要成功地打發成結實之蛋白糖霜之關鍵在於一起混合打發起泡之砂糖的份量，因此以接近下記那一項來判斷並對應蛋白和砂糖的份量，並確實掌握加入砂糖之時機，就可成功地打發成結實之蛋白糖霜。

【砂糖為蛋白之半量以上到相同份量時（法國杏仁糕餅、巧克力海綿蛋糕等）】
砂糖具有粘結蛋白和水份之媒介作用，可抑制蛋白之起泡，因此蛋白先輕輕打發起泡後再分數次慢慢加入砂糖。

【砂糖為蛋白的半量或者以下（戚風蛋糕、小山蛋糕捲、紅果實的蛋糕捲等）】
因蛋白的水份過多，雖然打發起泡但馬上會分離而產生稀鬆感，為使砂糖能完全融入，因此要在一開始打發時就把砂糖一口氣加入迅速加以溶解即可。

Trick-13 砂糖和蛋和牛奶的加熱之要訣

●應了解煮熟蛋黃之溫度和粉類的 α 化之溫度

在製作巴迪西克林姆時，因內部結塊而變成質地粗糙…我想各位讀者應該都有過此一經驗吧。到底這種現象是如何產生的，第一個原因是溫度。一般而言，蛋黃煮熟之溫度為60度，粉類的 α 化（糊化）溫度為80度以上，這兩者的凝固溫度不同，因此將蛋黃和砂糖和粉類混合，再加入牛奶加熱時，在60度蛋黃先凝固而使克林姆中產生「煎蛋」（結塊之意）。第二原因是砂糖，這在最近減少甜度之食譜中常會發生之問題，因為砂糖量減少會使蛋黃和砂糖之結合力減弱，又因蛋黃部分先煮熟而產生了「煎蛋」。產生「煎蛋」使克林姆風味降低，由於結塊造成粗糙感而破壞美味。這些問題可依靠加入牛奶時之溫度來調節而得以解決。在蛋、砂糖、粉類混合當中加入預先加熱到90～95度左右的牛奶（加熱時加入少量砂糖，溫度容易上升），然後以大火一口氣加熱，使牛奶和其他材料在瞬間結合而 α 化，因此完成了滑潤又有濃厚奶香風味之克林姆。因此在製作巴迪西克林姆時必須了解煮熟蛋黃的溫度和粉類 α 化的溫度之差異，才能高明地加以混合為要。

●在不含入空氣下以擦底混合

此外在製作巴迪西克林母的另一要點是在混合蛋和砂糖時，採用以盡量不含入空氣之擦底混合法。如果含入空氣會使砂糖和蛋黃的結合減弱，且又造成「煎蛋」出來之原因所在。因此在煮的過程中，要使用攪棒迅速擦底混合使其趕快 α 化，α 化後改用耐熱的橡皮刮刀，從鍋底擦底混合加以攪拌，避免煮焦為要。

另一方面，同樣混合蛋黃，砂糖、牛奶再加熱作成的安格拉醬時，因為完全不加粘結媒介之粉類，更容易使蛋黃部分單獨煮熟而成為「煎蛋」之狀態。在此時先混合蛋黃和砂糖後才加入牛奶，慢慢用小火煮熟到82度。同時在一開始使用橡皮刮刀以擦底混合法混合，盡量避免含入空氣。

Trick-14 如何捲好蛋捲

●捲蛋捲時1要「加力量」2要「放鬆力量」

要捲蛋捲時，首先用桿麵棒加力量捲入芯的部分，接著只需提高捲紙之程度，即可自然鬆軟地捲起，最後以末端朝下之狀態即結束捲之動作。記得千萬不要像捲海苔壽司般從頭到尾均加力量去捲。

Trick-15 增添蛋糕體之香味

●以保鮮膜完全密封以釋放出香草之甘甜味和香味

釋放出香草或紅茶香味之作業在法文稱為「infuse」，在牛奶等鍋中加入香草煮沸後加蓋，放置一段時間為一般之作法，但用保鮮膜完全密封起來效果更佳。

Trick-16 奶油和麵糰之關係

●是派系列或是餅乾系列其口感各不相同

由於把奶油以什麼狀態來混合麵糰，其完成後之口感各不相同。例如在鬆餅麵糰、油酥麵糰、烤餅麵糰等，奶油直接以中細粒狀態分散在麵糰中的派系列麵糰，因為把粉類和奶油事先冷凍後才開始作業，如此奶油才不會融入麵糰中，也才能產生出香酥鬆脆之口感。但另一方面的塔皮麵糰、不列塔尼麵糰、小厚酥餅麵糰等是將奶油摺入麵糰中之餅乾系列的麵糰，由於使用常溫的克林姆狀之奶油，因此和粉類容易混合，而產生出香脆的舒暢口感。

●因溶解奶油之方法不同其風味也各異其趣

例如焦奶油麵糰是慢慢加熱溶解奶油作成高純度之油脂而加以使用，由於用火去煮奶油會使其水分蒸發而成為金黃色清澈之奶油（焦色奶油），因此表面才會如油炸般香酥而裡面卻鬆軟之狀態。與此相反，鬆餅麵糰是必須強調奶油的乳香味，在此時則要快速溶解奶油，當乳脂肪以濃稠狀態浮現於表面時就要加以使用，如此才能表現出鬆軟口感以及乳香味。

Trick-17 麵糰和油脂、克林姆之關係

●把液狀油分加入麵糰中而產生了細緻口感

es-戚風蛋糕、巧克力海綿蛋糕等的海綿蛋糕麵糰是使用沙拉油和鮮奶油代替奶油，而這些都是液狀油分，因此烘烤好蛋糕溫度冷卻後，油分也不會凝固而使蛋糕一直維持鬆軟細緻之狀態。

Trick-18 戚風蛋糕烘烤後之處理法

●必須維持麵糰之粘性以及烘烤後以「倒放」為要

戚風蛋糕是在加入麵粉時，必須充分展現出粘性為要，如此才能做出既Q且咬下時香草風味才能充分釋放出來，此外烘烤好之蛋糕體必須連模型一起倒放放涼，它是要依靠重力使蛋糕被拉下而形成氣泡大之膨鬆蛋糕，也就是意味著能一直維持剛烘烤好之膨鬆感，注意如果不倒放的話，冷卻後氣泡很快消失會凹陷下去。

Trick-19 明膠之溶解法

●板狀明膠事先在冷水中泡軟

板狀明膠在使用前，要泡在明膠量約25倍量之冷水中泡軟，泡軟後用餐巾紙擦乾水分才使用。

●明膠是「熄火後」才可放入

溶解明膠時，先加熱溶解液體以「熄火後才放入」為原則，如果在沒有熄火之狀態而放入的話，會破壞組織而造成無法順利凝固之原因，要特別注意。

Trick-20 泡芙皮之烘烤法

●烤箱內要裝滿泡芙皮麵糰才烘烤

由於泡芙皮是依靠水蒸氣而膨脹起來的，因此在烤箱內平均施加壓力為要，也就是在烤箱內裝滿擠成相同大小之泡芙皮麵糰後才烘烤，如果和其他的麵糰或擺放不同大小之泡芙皮麵糰一起烘烤的話，因為壓力分散而無法順利膨脹。

Trick-21 混合粉類之要訣

●把缽拉到面前邊轉動邊混合

不管製作那一種麵糰在缽內混合粉類時，以左手把缽拉到面前，邊轉動邊攪拌，同時使用刮刀等將粉類從缽底舉高，由上面覆蓋下去般的攪拌，如此可從下面撈起麵糰來混合，輕易地可將全體混合均勻。

Trick-22 膨脹鬆軟之秘密

●模型越深越會膨脹

焦奶油蛋糕或磅蛋糕等的美麗形狀之秘密在於模型之深度。因為模型越深，烘烤後其中央的膨脹度越高，這是因為其內部之對流。把麵糰以高溫烘烤時，外側會先烤熟而形成薄皮，內部還維持液體的狀態。而因為模型很深使液體部分的量增多，如岩漿般因熱度而產生對流，造成想跑出外界之力量，由於這一股力量而形成很大之膨脹度。

●切斷蛋白的粘度

要想使焦奶油蛋糕膨脹得很鬆軟的話，要將粘性強的蛋白之粘性切斷為要訣。在混合砂糖之前，以打蛋器切斷攪拌蛋白使其粘性被切斷而成為水狀才行。

Trick-23 砂糖之奧妙

●砂糖加熱可成為糖漿、飴狀、焦糖狀

製作布丁用的焦糖時，砂糖的溫度變化成為重要關鍵，砂糖在煮熬時隨著溫度上升變成糖漿，再繼續加熱變成飴狀，到160度就變成焦糖化，在此時會冒出白煙要馬上加入少量熱水阻擋焦糖化之進行，如此才可作出濃厚香醇之焦糖。在製作焦糖之過程中，當糖漿升高為121度時加入堅果類加以攪拌即成為榛果蜜餞等。

此外，像法國杏仁糕餅般在打發成蛋白糖霜後，和粉類一起加入白砂糖，但並不融入麵糰中而分散其中，在烘烤中會變化成飴狀而形成香脆口感出來。由於砂糖之加熱方法不同，而給蛋糕造成多采多姿之變化出來。

Trick-24 不會產生出麩質的麵糰之製作法

●麵糰的摺疊方法不同可造成清脆或結實不同之口感

橙味麵糰、鬆餅麵糰、塔皮麵糰、可麗餅麵糰這4種麵糰是以不攪拌過度為其要訣，因為如果攪拌過度，含在麵糰內之蛋白質會產生麩質而變成又Q又硬之麵糰，這也就是鬆餅、橙味麵糰的清脆感，以及塔皮的香脆感和可麗餅基底的柔細感之秘密所在。

Trick-25 派皮和塔皮之烘烤法

●單單烘烤派皮和塔皮之麵糊時要以重物壓著

抑制其膨脹，如果沒有加以抑制的話，在烘烤派皮和塔皮時會自然膨脹使塔皮質地變粗而無法產生細緻香脆感，因此必須使用重物壓著。若使用塔模型空烤塔皮時，要在麵糊上面擺放比塔直徑更大的烤紙，上面鋪上塔石。然而烤紙要比塔的邊緣更高，使邊緣上面都能排滿塔石，如此邊緣部份不會膨脹，才可烘烤得非常整齊。至於在烘烤如鬆餅等的方形狀之派皮時，要使用鋁盤等扁平又輕量之物壓著，若使用鐵盤等太重之物壓著會使麵糊結實而無法產生出漂亮之派層次出來，要特別注意。

Trick-26 撒糖粉之要訣

●要使糖粉演出柔美之表情，只撒在部分才會產生立體感

在裝飾塔等時所需撒的糖粉，不要全面撒上把整體覆蓋住，而是撒在部分上如此才能展現出秀色可餐之口感出來。只撒在塔的邊緣部分會產生立體感而更有深度，不妨隨性快樂地演出吧！

Trick-27 杏仁之混合

●混合2種杏仁使杏仁豆腐更增添風味

所謂的杏仁是指杏籽內白色的核仁之意，杏仁分為在中國北方產的北杏和南方產的南杏，北杏香味強又帶有苦味，至於南杏則香味較淡但具有滑潤甜味為其特徵。若混合這兩種個性相異之杏仁，可作成芳香又甘甜味均具備之杏仁豆腐。

Trick-28 巧克力和克林姆之關係

●要製作巧克力慕斯時要考慮巧克力之性格打發6分起泡即可

由於巧克力本身具有凝固作用，因此要製作巧克力慕斯時在混合鮮奶油不需打發過度結實，同時慕斯的凝固劑是使用軟凝劑等凝固力較溫和之種類，如此其口感才會更加滑潤。此外，混合鮮奶油時巧克力的溫度請參考下表之（A）。

Trick-29 巧克力之調溫

●只要遵守正確溫度即可調出美麗之巧克力

將素材用之巧克力溶解作成新的糕點時，調溫的技術非常重要。所謂的調溫意味著使巧克力的溫度上升或下降，改變其結構而收集優質的結晶之作業。在此時因巧克力種類不同，其適溫也各不相同。例如甜味巧克力要將溶解約65度之巧克力降低到約25度後，再次提升到31度而使其結晶。如果調溫失敗時，不但很難凝固，且口感粗糙而形成表面浮現出白色斑點之巧克力。因此只需測定好正確溫度，就可簡單地完成美麗之巧克力成品。

【 基本的調溫溫度 】

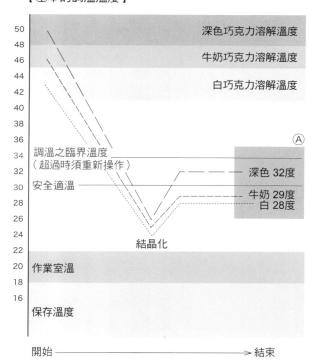

Trick-30 烘烤出美麗的可麗餅

●製作糕餅時依靠聲音、香味、觸感等也是重點之一

在製作糕餅的過程中，感覺「聲音」和「香味」也是非常重要的。例如要想烘烤出美麗的可麗餅時，平底鍋的溫度要維持適溫是很重要的。要攤開可麗餅麵糊時若發出「咻」悅耳的聲音就可順利地攤開，這表示溫度大致維持適溫。以我而言通常是把平底鍋拿到耳朵邊，我即可敏感地感覺到其溫度，以切身測量到適溫（避免被燙傷為宜）。

●沒有聲音的話麵糊會黏住平底鍋→平底鍋加熱不夠

●發出「咻咻」烘烤聲麵糊會產生凹凸不平→平底鍋過熱

Trick-31 煮糖水果之要訣

●將水果肉和水果汁分開來煮

以新鮮水果煮成多汁且具有美味口感之煮糖水果時，將砂糖和水果輕輕混合，滲出汁後加以過濾，把果肉放置在一旁，只把果汁部分拿去慢慢煮熟，等果汁煮成濃稠後再放回果肉一起再煮，如此才不會喪失新鮮水果之口感。

Trick-32 混合煮糖水果之要訣

●將各種水果混合成煮糖水果看看

煮糖水果可依靠各種素材之混合而增添樂趣。例如在快煮好之草莓中加入薄荷而強調其新鮮感，或者在奇異果中加入肉桂棒展現出十足之活力感，或把藍莓和柳橙組合起來也可獲得意想不到之效果，不妨大膽試看看。

Trick-33 雞蛋的殺菌法

●雞蛋有3種殺菌法

雞蛋的殺菌法有「起泡奶油」、「安格拉醬」、「義大利式蛋白糖霜」的3種。第一種的起泡奶油是將煮熱加熱約118度的糖漿一口氣加入蛋黃殺菌，此時麵糊若低於82度時需隔水加熱到82度，再用打蛋器打發到白色起泡，這種方法對巧克力慕斯最有效。至於在Trick-13中出現的安格拉醬是適用於巴伐利亞奶凍等的方法，此外在煮熱加熱到118度程度之糖漿慢慢加入殺菌之義大利式蛋白糖霜是對於水果慕斯等糖分較多的蛋白糖霜有效。

Trick-34 奇摩芙棉花糖之起泡法

●趁熱打發成鬆軟細緻之起泡

並沒有含蓋蛋白糖霜，只使用砂糖類的琪摩芙是要打發起泡到如海綿般鬆軟，而含入多量空氣為最重要。否則會變成胡頹子般那麼硬，同時必須要趁麵糊還熱迅速打發才行，若等冷卻變硬就無法打發起泡，必須要特別注意！

製作糕點的用語辭典

麵糰‧其他的名稱

□混合餡料（Appareil）
作餡料或塗抹料的準備作業，將各種料預先混合而成。

□維納瑪西
海綿蛋糕的一種，由於奶油之配合量比海綿蛋糕稍微多量，因此麵糰更濃稠，入口更易溶化。

□杏仁克林姆（Crmè d'amande）
混合杏仁粉和砂糖、油脂、蛋的使用於塔類的麵糰。

□巴迪西克林姆（Crmè patissiere）
此為卡斯達醬的法文名稱，混合牛奶、蛋、砂糖、粉類煮沸的克林姆。和鮮奶油等混合使用。

□海綿蛋糕（Genoise）
將蛋、砂糖打發起泡，和麵粉一起融合再加入奶油而烘烤出的蛋糕，如鬆餅、花式蛋糕。它是糕餅店內使用頻度最高的麵糰。

□安格拉醬（Anglaise sauce）
此為卡斯達醬之別名，使用牛奶、蛋黃、砂糖、粉類作香草風味的滑軟之醬汁。它會在製作慕斯或巴伐利亞奶凍的作業時所出現，同時也是糕點製作上之基本的一種醬汁。

□泡芙皮（Pate chou）
使用麵粉、奶油、蛋、牛奶充分攪拌均勻而作成泡芙皮用之麵糰。

□塔皮麵糰（Pate sucree）
以麵粉和砂糖為主體，加入奶油、蛋攪拌而成之麵糰，sucree為「加入砂糖」之意，因此為具有甜味且稍為鬆軟之糕點用之麵糰，大多使用於塔皮、瑞士塔蛋糕等乾糕類等之麵糰。

□法國油酥麵糰（Pate brisee）
使用於塔等，鋪底用之簡化的派麵糰，顧名思義為很輕脆、容易崩潰之麵糰，雖然沒有反覆進行摺疊之作業，但也能展現出如派般輕脆之口感。

□海綿蛋糕（Biscuit）
一般均指餅乾，但在法國廣義是指以分別打發法所作成的海綿蛋糕之一種，至於狹義則是指不加奶油，而以分別打發法作成之海綿蛋糕，但也有加入奶油之種類。因為以分別打發法中蛋黃容易和麵粉混合，若和全蛋打發法相比較的話，其質比較為細緻，烤後非常鬆軟。最近多半都使用於Genoise（海綿蛋糕）之外的海綿蛋糕麵糰之用。

□杏仁海綿蛋糕
使用蛋、砂糖、杏仁粉、麵粉、蛋白糖霜、奶油所作成質輕的杏仁海綿蛋糕。

□鬆餅麵糰（Feuilletage）
為摺疊式派之意，在混合麵粉和水的麵糰中鋪上奶油，反覆摺疊又數度伸展，摺疊的次數愈多，愈能作成質地細膩之派層。

素材之名稱

□咖啡細粉
此為群馬製粉公司所開發的，它是將咖啡豆加工成微粉末狀，非常芳香之咖啡粉，完全不添加人工香料，應用於糕點中可展現出咖啡香味，而引人注目之素材。

□果醬（Confiture）
在法文中為果醬之意，其同類語是confiserie常被用為蛋白杏仁甜餅、牛軋糖、果仁糖等甜糕點類之總稱。

□軟凝劑
它是口感比明膠更為滑潤之凝固劑，以巧克力慕斯等為例，因巧克力本身即具有凝固力，因此當作輔助材料來使用而成為細軟之質地。

□濃甜巧克力（庫貝爾巧克力）
含有可可奶油粉31%以上，可可總量35%以上的巧克力。使用可可糖膏、砂糖、可可奶油可作成既優質又滑潤且容易溶解為其特徵。

□海藻糖（Trehalose）
它和砂糖同樣是屬於天然糖質之一種，在薯類、海藻、酵母和藻類，以及海水中含量非常豐富。除了可抑制素材所具有之苦味、澀味之外，還可引出食材中原本之味道和風味為其特徵。至於在製作糕點時可增加糕點之口感，或者被使用為可長久保存品質之用。

□多利摩林膏狀糖（轉化糖）（Tolemolin）
不容易結晶化，具有可維持安定之保濕性的膏狀砂糖。

□亮光膠
在果肉或果汁中加入砂糖或葡萄糖漿、果膠等而作成亮光膠。

□香草糖
有滲入香草豆之香味的白砂糖。使用製作糕點後的香草豆莢，洗淨後充分乾燥，敲碎然後混合於白砂糖中，香草香味會滲入其中，除了可使用於增加製作糕點之香味外，還可泡紅茶或咖啡等均非常美味。

□巴拉齊尼特糖
它是以高溫煮熬也不容易膠糖化的糖類，可減少糖稀中的水分，因此可防潮濕而常被使用於蛋糕的裝飾之用。

□飾用糖粉（Poudre decor）
不容易吸水分，經過長時間也不容易融入蛋糕中之裝飾用的糖粉。使用於糕點的裝飾之用。一般的糖類容易吸水且又容易滲入蛋糕中，因此依照糕點之特徵而分別使用之。

□薄餅碎片
將派麵糰或使用蛋、麵粉所作成之麵糰桿成薄片而烘烤，再加以搗碎作蛋糕基座等，以品嘗其鬆脆之口感。

□糖漬堅果
將煎烤過之杏仁、榛果裹上膠糖或作成泥狀的也是相同叫法。

□鹽花
直譯為「鹽之花」之意，當海水蒸發成為鹽時，最初浮在表面之鹽，以溫潤之鹽味為其特徵。在法國崁蘭特出產。使用於加蕾特布爾頓等鹽會直接接觸到嘴巴之糕點。至於在小山糕點店內則使用蘇格蘭產的「瑪路丹姆」等的海鹽。

□果膠
形成果實的細胞壁中層的膠質之多糖類，在蘋果或柑橘類中含量豐富，加上砂糖或酸可成為果凍狀，利用於製造果醬、微生物之培養基或化妝品等。

□白巧克力
使用奶粉、可可奶粉、砂糖、香草所作成之巧克力，沒有加入可可糖膏。

□牛奶巧克力
使用可可糖膏、砂糖、可可奶油、牛奶作成之巧克力。

□利‧斯麩雷（米粉之品牌名）
它是群馬製粉公司以特殊加工煎熬糯米，使米所具有之香味100%的展現出來之米食材。它具有過去所沒有之鬆脆感，並給糕點增添新的口感。

□利法林（米粉之品牌名）
它是由群馬製粉公司和蒙桑‧克雷爾的主廚辻口先生共同開發出來的，可完全取代麵粉之米粉，因此最適合製作對應麵粉過敏之糕點類。

作業中的關鍵語

□飾用糖衣
混合砂糖、水等所作成的裝飾用糖衣，使用於荷蘭派等之用。

□30玻美度糖漿
常使用於製作糕點之糖漿，將120g的白砂糖加入100g的水煮沸而成，有關其定義眾說紛紜，但小山糕點店是採用此一份量。此外若將30玻美度糖漿和水以1比1混合起來就成為17玻美度糖漿，這也是常被使用於糕點上。

□增艷亮光液
為使糕點的烤色更美觀，而使用刷子在麵糰上塗抹蛋液之作業。

□比重
使用100cc的量杯測量時之重量，和水的重量作比較即可了解空氣的比重，可作成打發起泡之基準。

□杏仁沙
將杏仁粉和糖粉攪拌成為潤滑黏稠狀，可混合於烤餅等之麵糰內，它跟裝飾用之杏仁醬相比的話，杏仁含量比糖的分量還多。也有市售的杏仁沙。

使用IH(感應加熱 烹調電爐)的要訣

使用IH（感應加熱烹調電爐）製作糕點，使製作糕點變成非常方便省事。

依靠大火力使素材的美味不會流失掉

在溶解奶油或加熱牛奶或鮮奶油、製作糕點時，使用鍋或平底鍋來烹調之作業是不可缺少的，在此時IH（感應加熱烹調電爐）就可派上用場了。 以大火力一口氣加熱，可迅速又適溫地加熱素材，同時多餘的水分也會很快蒸散，使素材之風味和醍醐味不會流失而製作出美味可口之糕點。

【製作巴迪西克林姆時】

熱度上升快速…

雞蛋和麵粉馬上結合變成非常滑潤

熱度上升較慢…

只有雞蛋部分先變化而變成粗粒狀

因熱度上升快速使作業可流暢進行

在製作糕點時速度和時機最重要，素材一旦加熱在還未冷卻中，馬上要轉移到下一流程或將要隔水加熱時所須之熱水迅速煮沸，如此才能依靠快速之熱傳導把所要加熱之物體迅速加熱。例如在製作巴迪西克林姆（卡斯達醬）等時，要快速煮克林姆為最適合。此外因加熱而凝固之溫度約為60度的雞蛋，或80度會α化（糊化）的麵粉要加以煮沸時，能快速加熱到高溫，而作出滑潤美味之克林姆。（參照P88：Trick 13）

使用高壓力的電烤箱可烘烤得更加美味好吃

海綿蛋糕和蒸熱的布丁都可利用高壓力的電烤箱，因溫度上升快速使作業順暢。

要小火或中火或大火只需按一下即可

IH感應加熱烹調電爐從小火到大火分為8個階段之火力（因機種之不同而異），可依靠在頂面或側面之按鈕在瞬間調整出來。維持在弱火（低瓦特）之下也不會熄火，因此長時間加熱也非常簡單。此外在電爐上可直接放置缽，一面加熱一面維持恆溫來隔水加熱也很方便。在加熱中爐光會發亮（因機種不同而異）因此可馬上分辨出來非常安心。

因其頂板為平面可擴大調理空間

在不使用烹調電爐時，頂板可變成調理作業台，因其頂板平坦，若有污垢時用濕毛巾擦拭即可簡單保持乾淨。

在酷熱的盛夏可涼爽地製作糕點

因輻射熱少，可在室內放置冰涼之水果和鮮奶油而進行調理作業，因此就算在酷熱的盛夏也可涼爽地享受製作糕點之樂趣。

因調理時間短而節約能源

由於擁有高熱效率，所以加熱時減少電力而非常具有魅力。又因縮短調理時間而節省金錢非常具有經濟效益。

IH感應加熱烹調電爐的注意事項

（1）多半的IH感應加熱烹調電爐可使用鐵製、鑄鐵製、琺瑯鍋、不鏽鋼鍋、鋁鍋（有一部分不可用）等。但因機種和加熱器種類不同，所使用的鍋之材質也各不相同，請依照你所使用的機種之說明書等確認看看。
（2）可使用的鍋之形狀是底部為平的，至於直徑和鍋底的厚度等的限制因機種的不同而異

Patissier es Koyama

小山
糕點店

一切為了追求美味和快樂。
es Koyama所採用的甜美之秘訣

一打開蛋看到鼓起的橙色蛋黃，
我禁不住就會興奮無比。
今天我要運用哪一種甜美的秘訣
來使糕點更加美味可口呢？
製作糕點的材料非常簡單，
只不過是麵粉、砂糖、奶油、克林姆。
至於我本身只選擇我喜愛的而已。
在那些材料中加入當令的水果、香辛料、
利口酒和帶有一點嬉遊心的秘訣在其中。
每天在這間廚房中和員工們一起
為糕餅注入生命力。
小時候，不知道在哪吃過令人懷念的風味、
第一次放入口中令人驚訝的味道…，
為了要製造和每一個人的
美好回憶產生邂逅，
請品嘗在這世界上最甜美之快樂感。

簡歷 | 是糕點學徒，也是搖滾少年，如今卻成為西點師傅

es Koyama中的「es」在心理學術語中意味著存在人內心深層的欲求之意。而我在製作甜點時，常去追求對應這種本能性的欲求，而將每一個人心中所沉睡的甜美記憶加以喚醒為目的而製作甜點。為要達到目的需要哪一種技術？我常在思考要採用哪一種嬉遊心的Trick（祕訣）來製造甜美的甜點。當然並不只是講究味道而已，在小山甜點店的庭院中也到處充滿了Trick（祕訣）。在綠色的小山丘上開滿了當季香草的花，還有銅製的調皮小童嬉戲其中，陽台上還可看到邊欣賞當季花卉邊品嘗甜點之客人。剛出爐的甜點由師傅親自送到客戶面前，並藉由此一短暫時刻盡情展現甜點的美。也就是說，在本店內所有的一切設備都是我的表演舞台。

我的這種想法源自於在我青少年時期與友人一起合組搖滾樂團，並開始在現場演奏俱樂部中進行演奏活動時所萌發的。今天在舞台上要以何種曲目構成，要加上什麼橋段旁白，安排何時達到最高潮……當時的我都在思考這一些問題，可是現在擔任甜點師傅的我和當時的我感覺幾乎相同，並沒有什麼不同，也就是說我並沒有強烈地感覺自己是在工作。我在這家店中想要表現的是如Kiss般之愉悅感和如Queen般的戲劇性。雖然有些狂妄自大，但這是最接近於我的心態，我想成為眾所周知的日本重金屬樂團草創者，如今在關西地區已成為傳奇的樂團的NOVELA和ACTION的舞台表演般。

可是當時那個瘋狂愛好搖滾樂的我，卻從19歲邁入了西洋甜點的世界，原因是受到同樣擔任甜點師傅的家父的影響。在我幼小時所看到的家父一直是寡言卻真摯的姿態，不知不覺中深烙印在我心中。雖然我母親常抱怨：「甜點師傅只是勞碌辛苦的行業…」，如今我常把家母的這句話當作鼓勵我發憤向上的座右銘，並經常在腦海中想像要以何種甜美的訣竅來製造客人的歡愉和驚豔。對我而言，沒有比製作甜點更快樂的行業了！

www.es-koyama.com

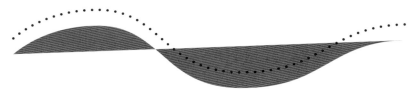

西點烘焙叢書

我做的甜點口感超專業！
20x25.7cm 96 頁
彩色 定價 280 元

書中依據口感，分成 6 大類，介紹多款精緻美味的點心，搭配詳細圖解 step by step 進行製作。

初學者可以依循步驟學習甜點製作，中級者可進一步掌握材料，精準把握甜點的完成度。

一起來做出，讓舌頭很幸福的好吃甜點吧！

法式小甜點在家出爐！
20x25.7cm 96 頁
彩色 定價 280 元

彩色的小餅乾、甜蜜的夾心巧克力、耀眼的七彩馬卡龍、化在嘴裡甜在心裡的手工棉花糖、多樣化的水果軟糖與牛奶糖…。

這些造型賞心悅目，精緻地像從珠寶盒裡拿出來的漂亮甜點，不用昂貴的烘培器材，不需受過專業甜點師級的訓練，其實每個人在家都可以自己動手做！

瑞士捲馬卡龍年輪蛋糕
21x29cm 120 頁
彩色 定價 320 元

以瑞士捲、馬卡龍、年輪蛋糕為企畫主軸！讓讀者得以比較同款蛋糕的不同作法，一目瞭然，立即抓住重點。

邀請 25 家日本知名蛋糕店的甜點主廚現身說法！藉由他們的實務研發經驗，給予有心創業的師傅們最直接的啟發。完整公開知名蛋糕店的當紅甜點食譜！本書為您獨家取得每家店的最高機密——製作配方與份量，讓您照著做出大受歡迎的蛋糕！

我在家做的專業甜點
20x25.7cm 96 頁
彩色 定價 300 元

本書介紹使用精挑細選的素材或現代風格的模具，以一些秘訣就能使原本平凡無奇的甜點升級的技巧。

另也有改變模具或組合，就能烤出自己喜愛味道的簡單調配種類。

從適合新手的薩布雷，到組合霜飾或奶油餡的達人級種類，應有盡有。同時還介紹能提升美感的包裝創意。

我做的蛋糕甜點可以賣！
18x234cm 160 頁
彩色 定價 350 元

這是一本從基礎開始教導的烘焙書，最大特色在於每個製作重點都有圖片可參考。

不論是基本款甜點還是新創意作品，本書都附有重點步驟圖解＆製作甜點的訣竅，宛如烘焙專家親臨指導，連新手也能夠做出專業水準的 80 種人氣甜點，從此不再滿足於素人的味道，讓您自信滿滿地說出：「我做的蛋糕甜點可以賣！」

在家親手烤餅乾
21x25.7cm 80 頁
彩色 定價 220 元

巧克力片餅乾、乳酪餅乾、英式烤餅（司康）……各式餅乾既好吃又容易製作，可說是烘焙初學者的入門糕點。

尤其是自己親手所烤的餅乾，不但用料健康衛生，而且過程有趣、充滿期待，作為禮物送給親朋好友、或是心儀的他，更是飽含真誠心意，是市售餅乾所比不上的呢！

瑞昇文化　http://www.rising-books.com.tw　購書優惠服務請洽：TEL：02-29453191 或 e-order@rising-books.com.tw